KIDS
menu

맛을 아는 아이가 똑똑하다
미각 교육 식판식

맛을 아는 아이가 똑똑하다

미각 교육 식판식

초판 1쇄 인쇄 2019년 8월 1일
초판 1쇄 발행 2019년 8월 7일

지은이	박보경
펴낸이	김명희
기획 · 진행	강혜경, 김아롬
사진	이현겸
스타일링	박정윤
디자인	베스트셀러바나나
협찬	본메레몰(www.bonnemere.co.kr), (협찬품 : 이지피지 흡착 식판)
펴낸곳	다봄
등록	2011년 1월 15일 제395-2011-000104호
주소	경기도 고양시 덕양구 고양대로 1384번길 35
전화	070-4117-0120 **팩스** 0303-0948-0120
전자우편	dabombook@hanmail.net

ⓒ 2019 박보경
ISBN 979-11-85018-65-2 13590

이 도서의 국립중앙도서관 출판시도서목록(CIP)은 서지정보유통지원시스템 홈페이지(http://seoji.nl.go.kr)와
국가자료공동목록시스템(http://www.nl.go.kr/kolisnet)에서 이용하실 수 있습니다.(CIP제어번호 : CIP2019020685)

맛을 아는 아이가 똑똑하다

미각 교육 식판식

박보경 지음

다봄

유전자를 이기는 미각 교육의 힘

〈50년 요리 명가의 아이 반찬&간식〉을 낸 후 많은 일이 있었습니다. 첫째 주원이에 이어 둘째 지원이를 낳았고, 살던 서울 집을 정리하고 대전으로 삶의 터전을 옮겼습니다. 이제야 아이를 기르는 일도 손에 조금 익어가는 느낌입니다. 그러면서 평소에 꾸준히 관심을 갖고 연구해온 아이를 위한 미각 교육의 필요성을 절실히 느끼기 시작했습니다. 아이들이 커가면서 안 먹으려는 음식이 생기고, 처음 접하는 음식에 대한 거부감은 점점 심해지는 것을 알 수 있었습니다. 그래서 아이를 위한 미각 교육에 관해 본격적으로 연구하기 시작했습니다.

이미 우리나라 대기업에서는 미각 훈련법을 가르치고 정부와 지자체 및 민간기관에서는 생애 주기별 미각 개발을 위한 다양한 프로그램이 진행되는 등 각 분야에서 미각 교육이 활발하게 이루어지고 있었습니다. 특히, 어릴 적부터 음식 본연의 맛을 느끼고 음식을 먹는 즐거움을 터득하는 미각 교육은 아이의 지능 계발과도 긴밀하게 연결된다는 주장이 알려지면서 그에 대한 관심은 날로 커지고 있습니다. 실제로 미각 교육은 음식 재료를 다섯 가지 감각으로 맛보고 포크나 숟가락, 젓가락 등의 도구를 사용하는 활동으로 오감을 활용한 조작 발달이기 때문에 두뇌 발달과도 밀접한 연관이 있습니다. 또한, 새로운 음식 재료를 맛보거나 냄새를 맡는 행동은 뇌세포를 활발하게 움직이게 합니다.

보통 아이들은 식사 시간에 편식하거나 너무 적게, 혹은 너무 많이 먹는 등 크고 작은 문제를 가지고 있습니다. 이 책은 식사 시간에 아이가 보일 수 있는 여러 가지 문제를 집에서 하는 미각 교육을 통해 원활하게 해결할 수 있도록 그 방안과 적합한 레시피를 다루었습니다. 또한, 한 끼 식사에서 다양한 영양소를 골고루 섭취할 수 있고, 아이들도 자신의 식사량을 한눈에 파악할 수 있도록 식판식을 기본으로 했습니다.

1장은 너무 많이 먹거나 너무 적게 먹는 아이를 위한 레시피와 미각 교육을 다루었습니다. 2장은 밥

이나 우유, 고기, 짠 음식 등 한 가지 음식만 좋아하는 아이를 위한 레시피이며, 3장은 특정 음식을 거부하는 아이를 위한 레시피입니다. 이 장에서는 콩, 두부, 채소, 김치, 밥, 과일 등을 좋아하지 않는 아이를 위한 맞춤 식단을 제공합니다. 4장은 아이의 증상별로, 키가 작아서 걱정인 아이, 감기에 잘 걸리는 아이, 아토피로 고생하는 아이, 잦은 변비나 설사로 부모의 애를 태우는 아이 등을 위한 레시피를 다루었습니다. 또한, 부록으로 집에서 간편하게 진행할 수 있는 미각 교육 실전 프로그램인 '놀이로 하는 미각 교육'을 실어 책의 활용도를 높였습니다.

무엇보다 이 책의 가장 큰 특징은 언제 어디서든 식사 시간에 할 수 있는 미각 교육을 다룬 것입니다. 각 레시피가 시작되기 전에 해당 재료와 요리에 대해 다양한 미각 교육을 실시할 수 있도록 '아이와 함께하는 미각 교육'을 추가했습니다. 요리를 하며, 요리를 맛보면서 아이와 쉽게 주고받을 수 있는 대화와 작은 활동 속에서 미각 교육은 충분히 이루어질 수 있습니다. 미각 교육을 처음 접하는 분들을 위해 아이와의 자세한 대화 내용을 참고할 수 있도록 대화 내용을 실었습니다. 제시된 대화를 그대로 따라 하기보다는 아이와 자연스럽게 대화를 하면서 미각 교육을 이끌어가는 데 참고하면 좋을 것입니다.

미각 교육에 기초를 둔 영양이 풍부한 식판식 레시피는 음식 재료 본연의 맛을 알게 하여 아이가 스스로 먹고 싶은 욕구를 느끼게 합니다. 그로 인해 아이의 올바른 식습관을 바로잡아 주고, 나이에 맞는 성장 발달을 이루는 데 많은 도움이 될 것입니다.

이 책을 내기까지 많은 분의 도움이 있었습니다. 내 삶을 더욱 빛내주는 든든한 반려자 남편과 늘 사랑의 마음으로 베풀어주시는 시부모님 그리고 나의 평생 멘토이자 내 삶의 기둥인 친정 부모님, 삶의 활력소이면서 평생 벗인 주원이와 지원이 그리고 마지막으로 강혜경 님과 둔산큰별어린이집 김순희 원감님에게 진심으로 감사의 마음과 사랑을 전합니다.

식품영양학 이학박사 박보경

차례

1장
잘 먹지 않거나 과식하는 아이를 위한 레시피

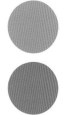

2장
편식하는 아이를 위한 레시피

3장
특정 음식을 거부하는 아이를 위한 레시피

[놀이로 하는 미각 교육]

4장
아이 증상별 레시피 해결책

건강하고 똑똑한
아이로 키우는 미각 교육

심장병과 비만에 걸리기 쉬운 유전자를 모두 갖고 태어난 아이도 균형 잡힌 식습관을 통해 건강하게 자랄 수 있다고 합니다. 〈동의보감〉에 '음식이 곧 약이다.'라는 말이 나오는 것처럼, 건강한 식습관은 그 어떤 보약보다 효과가 좋습니다.

　미각 교육은 아이들이 어릴 적부터 음식이 가지고 있는 본연의 맛을 느끼고, 음식을 먹는 즐거움을 알아 가면서 궁극적으로 건강한 식습관을 확립하는 것을 목표로 합니다. 무엇보다 어린 시절부터 음식의 기본적인 맛을 인지하는 교육과 감각을 활용한 미각 교육을 하면 아이의 편식을 막고 주체적인 식습관을 형성하는 데 큰 도움이 됩니다. 또한, 식사 예절을 익히고 우리 농산물 및 전통 음식에 자부심을 가지며, 그 우수성을 인지하게 되는 등 긍정적인 효과가 큰 교육입니다.

서구에서 시작된 미각 교육

미각 교육은 1970년대 이후 서양 아이들 사이에서 선풍적인 인기를 끌던 미국식 패스트푸드 위주의 식생활에 대한 반발에서 시작되었습니다. 햄버거나 피자 등 곳곳에 넘쳐나는 미국식 정크푸드로부터 아이들을 지키고 자연의 맛을 느끼게 하자는 주장이 설득력을 얻었습니다. 그때부터 식품업계 곳곳에 퍼져 있던 인공의 맛에 대비되는 자연의 맛을 추구하는 움직임이 나타나기 시작했습니다. 1970년대 프랑스에서는 미각 교육 프로그램(Classes du Goût)을 최초로 도입합니다. 이탈리아에서는 1986년 자국의

식문화 전승 운동으로 '슬로푸드 운동'과 더불어 미각 교육의 활성화에 힘쓰기 시작했습니다. 일본은 2005년부터 '식육(食育) 기본법'을 제정하고 미각 교육을 초등학교 교과과정에 넣어 체계적으로 교육하고 있습니다. 특히, 일본은 학생뿐만 아니라 학부모를 상대로 하는 미각 교육도 활발히 진행하고 있습니다. 아이의 평생 식습관을 좌우할 만큼 학부모, 특히 부모의 입맛도 중요하다는 생각 때문입니다.

영국에서는 2000년도에 '청바지 입은 요리사'로 유명한 제이미 올리버의 '급식 혁명'이 시작되었습니다. '급식 혁명'은 어른들이 물려준 온갖 나쁜

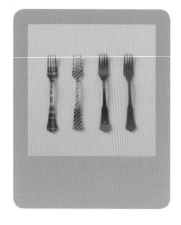

음식으로부터 아이들을 해방시키고, 음식이 줄 수 있는 인생 최고의 순간을 맛보게 하자는 운동으로 전 세계인의 이목을 집중시켰습니다. 이에 비해 우리나라는 아직 미각 교육에 대한 인식이 많이 부족한 게 현실입니다. 이제부터라도 강의나 책 등을 통한 미각 교육이 가정에서부터 시작되어 차후에는 국가 교육기관까지 체계적으로 실시되는 날을 기대해 봅니다.

미각 교육을 위해서는 맛의 원리와 미각의 중요성을 먼저 깨달아야 합니다. 이를 위해 다양한 맛과 그것을 인지하는 혀의 부위별 특징에 대해 알아야 합니다. 또 시각, 청각, 후각, 미각, 촉각인 오감이 무엇인지 깨닫고, 생산자들과 만남을 통해서 음식 재료에 대한 정확한 정보를 아는 것도 중요합니다.

무엇보다 아이들에게는 다양한 음식 재료의 냄새를 맡아 보고, 색을 관찰하며, 맛을 보게 하면서 처음 접하는 음식에 대한 두려움을 없애고, 흥미를 갖고 맛보려는 태도를 길러 주는 것이 중요합니다. 이런 과정을 반복하면 어느 순간 편식도 서서히 사라지게 됩니다. 그리고 눈으로 봤을 때 맛있어 보이지 않아도, 실제로는 맛이 있을 수 있다는 것을 알게 되고 거부감 없이 음식을 먹어 보기 시작합니다. 또한, 토론할 수 있는 기회를 만들어 음식에 대한 다른 사람의 생각을 받아들이고 다양한 감각을 키우는 것도 미각 교육의 중요한 부분입니다.

미각 교육은 언제부터 하는 것이 좋을까

보통 미각 교육을 하려면 초등학교는 들어가야 하지 않겠냐고 생각하기 쉽지만 그렇지 않습니다. 미각 형성과 발달의 최적기는 생후 4개월부터 만 4세까지입니다. 이 시기가 바로 미뢰가 형성되어 가장 활성화되는 시기이기 때문입니다. 음식을 먹으면 아이의 혀에 솟아 있는 작은 돌기인 미뢰 세포가 맛을 감지하고, 이를 대뇌로 전달합니다. 이러한 맛은 한번 길들면 그보다 약한 자극에는 좀처럼 반응하지 않습니다. 단것을 많이 먹다 보면 단맛을 느끼는 감각이 점점 무뎌지게 되고, 점점 더 강한 단맛을 찾게 됩니다. 만 8세까지는 입맛이 고착화되는 시기로, 이때의 미각 교육은 평생 건강한 식생활을 좌우하는 매우 중요한 기간입니다. 부모가 이 시기에 아이에게 무엇을, 어떻게 먹이느냐에 따라 아이의 평생 식습관이 결정됩니다. '좋은 습관이 성공하는 아이를 만든다.'라는 말처럼 식생활도 예외는 아닙니다. 어릴 때 배운 올바른 식습관이야말로 아이의 평생 건강을 좌우할 가장 중요한 키워드가 됩니다.

아이들의 미각 교육은 감각기관을 통해 이루어집니다. 아이가 감각기관에 자극을 받으면 생각을 하게 됩니다. 그리고 이러한 사고 과정에서 인식이나 감정이 형성됩니다. 이처럼 감각을 바탕으로 어린이의 두뇌가 발달한다는 점에서 감각 체험 교육의 중요성이 강조되고 있습니다.

특히, 미각은 오감 중에서 인간의 욕구에 가장 근접하고 충실한 감각으로, 미각 자극은 다른 어떤 자극보다 정서적 변화를 빨리 일으킵니다. 즉, 아이들 정서 함양에 미각 교육보다 중요한 것은 없다고 해도 과언이 아닙니다.

미각 교육의 효과 중 빼놓을 수 없는 것이 편식 개선입니다. 고른 영양소 공급을 방해하는 편식은 아이의 균형 발달에 심각한 영향을 끼치기 때문에 아이를 키우는 부모라면 가장 관심이 가는 주제이기도 합니다. 미각 교육을 꾸준히 받으면 편식을 하는 아이도 특정 재료의 맛에 대한 선입견을 줄일 수 있습니다. 예를 들어, 시금치를 싫어하는 아이라도 약간 덜 삶은 시금치의 아삭아삭한 맛을 보면 시금치의 새로운 맛을 발견하고 좋아할 수 있습니다. 다양한 식품을 가지고 이런 과정을 반복하면 특정 식품에 대한 마음의 빗장을 풀고 음식이 가진 다채로운 맛을 자연스럽게 즐기게 됩니다.

미각 교육의 또 다른 중요한 효과는 인간관계의 다양성을 인정하는 것입니다. 실제로 아이가 맛있다고 느끼는 것은 노출 빈도가 많은 음식에 대한 '어떤 기억'에 불과합니다. 그래서 아이마다 맛있는 음식이 제각각인 것은 지극히 자연스러운 현상입니다. 미각 교육을 받으면 사람마다 맛있게 느끼는 음식이 저마다 다르다는 것을 알게 되고, 이는 점차 타인의 다양성을 인정하는 길로 나아가게 됩니다.

아이와 함께하는 미각 교육은 음식으로 놀기도 하고 공부도 하며, 음식을 매개체로 자신의 감정을 표현하게 하는 것이 중요합니다. 이런 과정을 통해 아이의 언어와 인지 발달을 돕고, 가족 간의 유대감과 친구들 사이의 사회성을 높이는 데도 크게 기여합니다. 특히, 집에서 하는 미각 교육은 특별히 시간이나 장소에 제약을 받지 않아서 더욱더 자유롭고 편안하게 진행할 수 있습니다. 매일 아침, 식탁에서 밥을 먹으면서 자연스럽게 할 수 있는 것이 바로 미각 교육입니다. 상에 오른 그날의 반찬을 놓고 아이의 의견을 묻고 대답하는 것 자체가 훌륭한 미각 교육입니다. 교육적인 목적만이 아닌, 아이가 먹는 것에 관심을 가지고 끊임없이 대화하며 아이를 깊이 이해하는 것 자체가 삶에 큰 기쁨이 됩니다.

단계별 아이의 식사 교육

부모는 아이가 잘 먹는 것 한두 가지 음식에 만족하지 말고, 질감과 촉감까지 고려해서 다양한 음식을 준비하는 것이 중요합니다. 다음 〈단계별 아이의 식사 교육〉을 활용해 우리 아이에게 적합한 식사 교육을 실시해 보세요. 이런 다양한 체험을 통해서 아이는 비로소 '자신만의 맛'을 선택하고 상상력을 발동해 자신의 미각 세계를 완성해 갑니다.

연령	식사 행동의 특징	단계별 식사 교육
1세	• 음식을 손으로 집어 먹는다. • 컵에 있는 물을 혼자서 마시기 힘들다. • 뚜껑이나 빨대가 있는 안전 컵을 사용한다. • 숟가락과 포크를 사용한다.	• 다양한 색, 냄새, 질감의 음식을 만들어 주어 아이가 여러 가지 음식을 접할 수 있게 한다. • 아이의 발달 단계에 따라 음식 입자의 크기, 강도, 점도 등을 조절한다.
2세	• 손끝으로 집어 먹는다. • 숟가락을 능숙하게 사용한다. • 일반 컵을 양손으로 쥐고 물을 마신다.	• 숟가락과 포크를 자주 사용해 익숙해질 수 있게 한다. • 음식을 먹고 나서 식사 도구를 정리하고 그릇을 개수대에 갖다 놓는 등 기본 예절을 가르친다.
3세	• 혼자서 식사한다. • 아이용 젓가락을 사용한다.	• 젓가락을 잘 사용하도록 반복하여 지도한다. • 밥과 반찬을 골고루 집어 먹을 수 있도록 지도한다.
4~5세	• 숟가락, 포크와 함께 조금씩 젓가락을 사용한다.	• 젓가락으로 먹기 편한 음식을 자주 해 준다.

부모가 시작하는 미각 교육

만 1~3세의 아이에게는 밥을 먹는 시간이 무척 중요합니다. 부모는 매일 돌아오는 이 소중한 식사 시간을 적극적으로 활용해 아이의 여러 가지 발달을 촉진해 주어야 합니다. 이 시기에는 아이의 좋고 싫음이 분명해지고 특정한 것에 집착하기도 하며, 스스로 시도하려고 하지만 잘 되지 않아서 힘들어합니다. 그래서 여러 번의 시행착오를 통해 아이의 미각을 키워야 할 중요한 시기입니다. 무엇보다 식사를 통해 아이의 성장을 돕기 위해서는 먼저 아이가 잘 먹어야 합니다.

아이의 발달 수준에 맞는 음식과 식사 방법으로 아이가 먹고 싶다는 기분이 들 수 있도록 최대한 배려해야 합니다. 이를 통해서 아이는 스스로 음식을 먹는 즐거움을 알아 가고 가족, 친구와 함께 음식을 먹는 것이 행복한 일이라는 것을 자연스럽게 깨닫게 됩니다.

아이들은 새로운 경험을 통해서 배우고 변화합니다. 경험으로부터 얻어지는 자극은 아이의 감각 기억을 재구성하며, 새로운 경험과 지속적인 자극이 반복될수록 효과는 더욱 커지기 마련입니다. 아이를 위한 미각 교육 실전에 들어가기 전에 먼저 부모가 미각 교육에 대해 충분히 이해하고 난 후, 실천하고 가르치는 것이 중요합니다.

부모가 알아 두면 좋은 미각 교육 10

1 최소한 여덟 번 이상의 반복적인 경험과 체험이 필요합니다

아이의 미각은 맛을 학습하면서 성장합니다. 아이들이 집중할 수 있도록 체험 시간은 가능한 한 짧게 하고, 규칙적이며 지속해서 체험할 수 있게 하는 것이 좋습니다. 또한, 음식 재료로 아이들이 좋아하는 캐릭터 모양 만들기 등 호기심을 자극할 수 있는 활동을 준비하고, 반복하여 맛을 학습할 수 있게 합니다. 한 가지 음식을 반복하다 보면 아이가 조금 지겨워할 수도 있지만, 반복된 학습에 의해 음식에 대한 기호가 정착된다는 것을 유념합니다.

2 오감을 자극하는 다양한 재료로 맛을 경험하게 합니다

가정에 흔히 있는 재료를 활용하되 아이의 오감을 충분히 자극할 수 있는 다양한 소재의 재료를 활용합니다. 아이가 다양한 음식 재료에 대한 폭넓은 정보를 습득하면, 주체적으로 건강한 식품을 선택할 수 있는 능력이 생깁니다.

3 자기 주도적인 식사를 할 수 있도록 도와줍니다

미각 교육은 아이들과 음식 재료를 활용하여 다양한 게임과 체험을 하는 놀이 활동이 주입니다. 이러한 놀이를 통해 자연스럽게 아이의 편식 행동이 개선되고, 아이는 주체적으로 음식을 골고루 먹게 됩니다. 아이의 성장과 발달 단계를 고려하여 아이가 스스로 식사 도구를 활용해 음식을 먹을 수 있게 합니다.

아이의 경험을 제한하지 말고 스스로 할 기회를 주며 아이가 잘하면 칭찬을 해 줍니다. 아이는 자신의 힘으로 맛있게 음식을 먹으면 성취감을 느끼고, 이는 자신감으로 연결됩니다.

4 음식을 준비하고 만드는 과정을 아이와 함께합니다

음식 재료의 다양한 색감과 형태, 조리 중에 들리는 소리, 냄새 및 조리 전후의 재료 변화 등을 오감을 통해 접하게 하면 아이의 식욕을 자극하여 음식을 더욱더 즐겁고 맛있게 먹게 합니다.

5 미각을 방해하는 요소를 줄입니다

아이가 식사에 집중할 수 있는 환경을 만들어 주고 음식 본연의 맛을 인지하는 데 방해가 되는 식품첨가물이나 풍미가 강한 향신료 등은 피하는 것이 좋습니다. 식사 중에 텔레비전이나 라디오 등 여러 가지 소리와 음식에 대한 과한 정보, 너무 자극적인 맛의 음식 등은 미각 교육에 방해가 될 수 있습니다.

6 아이가 가진 미각의 약점을 보완합니다

아이가 싫어하는 맛은 좋아하는 맛을 더해 주면 싫어하는 맛을 극복할 가능성이 있습니다. 일반적으로 쓴맛을 싫어하는 아이에게는 쓴맛과 친숙해질 수 있도록 아이가 좋아하는 단맛을 조합해 줍니다. 아이는 오감으로 맛을 느끼기 때문에 감각이 둔해지지 않도록 꾸준히 연습하는 것이 좋습니다. 미각을 키우는 것은 감성을 키우는 일이기도 합니다.

7 즐거운 분위기로 가족과 함께 식사합니다

부모와 함께 식탁에 앉아 식사하는 시간을 통해 아이는 음식을 먹는 즐거움과 나누는 즐거움, 그리고 배려하는 마음을 키워 갑니다. 아이 혼자 먹기보다는 식구들이 함께 식사하는 과정에서 대화가 싹트고 부모의 건강한 식습관을 아이가 배우는 기회가 됩니다.

8 미각 교육을 통해 아이와 친밀감을 형성합니다

아이의 눈높이에 맞는 오감을 활용한 다양한 놀이 및 체험을 통해 아이와 부모는 유대감을 형성하고 더욱더 친해질 수 있으며, 이는 아이의 정서 함양에 큰 도움이 됩니다.

9 음식의 시각적인 효과를 중요시합니다

아이에게 보는 즐거움을 선사합니다. 아이들이 좋아하는 알록달록한 색감이나 귀여운 형태의 음식 재료와 요리는 아이의 호기심을 불러일으켜 음식을 먹어 보고 싶은 욕구가 생기게 도와줍니다.

10 아이가 먹기 쉬운 메뉴로 영양을 챙깁니다

아이가 싫어하는 재료는 잘게 다지거나 좋아하는 요리에 섞어서 주고 영양가가 비슷한 식품으로 대체하는 등 영양 균형이 무너지지 않는 방안을 고려합니다. 음식 재료의 형태나 크기, 단단함의 정도 등은 아이의 발달에 맞추고, 부족한 영양소는 간식으로 보충해 하루 식사의 질을 높이도록 합니다.

요리를 쉽게 만드는 계량법

정확한 계량은 요리의 기본입니다. 이 책에 나온 레시피는 집에서 흔히 쓰는 숟가락으로도 계량할 수 있습니다. 1큰술은 일반 가정용 밥숟가락으로, 1작은술은 일반 가정용 티스푼으로, 한 컵은 일반 종이컵(190mL)으로 계량하면 편리합니다.

가루

1큰술 숟가락에 소복하게 담은 양 | **1/2큰술** 숟가락에 반 정도 소복하게 담은 양 | **1작은술** 티스푼에 소복하게 담은 양 | **약간** 엄지와 검지로 한 번 잡은 양

액체

1큰술 숟가락에 소복하게 담은 양 | **1/2큰술** 숟가락에 반 정도 소복하게 담은 양 | **1작은술** 티스푼에 소복하게 담은 양 | **1컵** 종이컵(190mL)을 가득 채운 양

양념

1큰술 숟가락에 소복하게 담은 양 | **1/2큰술** 숟가락에 반 정도 소복하게 담은 양 | **1작은술** 티스푼에 소복하게 담은 양

다진 재료

1큰술 숟가락에 소복하게 담은 양 | **1/2큰술** 숟가락에 반 정도 소복하게 담은 양 | **1/3큰술** 티스푼에 소복하게 담은 양

모든 국의 기본이 되는 육수

멸치다시마육수

재료
국물용 멸치 10마리, 다시마 3장(5x5cm), 물 2컵

만드는 법
1. 멸치는 내장을 제거한다.
2. 팬을 달군 후 1의 멸치를 넣고 볶는다.
3. 볼에 멸치와 다시마를 넣고 따뜻한 물을 부어 하루 정도
   냉장 보관 후 체에 밭쳐 거른다.

소고기육수

재료
쇠고기(양지머리) 100g, 무 100g, 양파 80g, 대파 1/2대,
다시마 3장(5x5cm), 물 8컵

만드는 법
1. 쇠고기는 찬물에 담가 핏물을 제거한다.
2. 무, 양파, 대파는 큼직하게 썬다.
3. 냄비에 물을 붓고 1, 2의 재료와 다시마를 넣고 40분 정도
   푹 끓인 후 윗면에 뜨는 거품을 제거한다.
4. 3의 육수는 체에 면포를 밭쳐 거른다.

TIP 육수 만들 때 사용한 쇠고기는 손으로 찢어 각종 국의
재료로 활용하세요.

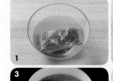

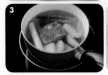

다시마채소육수

재료
무 100g, 당근 30g, 양파 40g, 대파 1/2대, 다시마 4장(5x5cm),
마른 표고버섯 10g, 마른 백일송이버섯 5g, 물 8컵

만드는 법
1. 무, 당근, 양파, 대파는 큼직하게 썬다.
2. 냄비에 물을 붓고 모든 재료를 넣어 40분 정도 푹 끓인다.
3. 2의 육수는 체에 면포를 받쳐 거른다.

닭고기육수

재료
닭 다리 3개, 양파 80g, 당근 50g, 대파 1/2대, 월계수잎 1장,
물 8컵

만드는 법
1. 닭 다리는 껍질을 벗겨 칼집을 넣고 씻은 후 끓는 물에 살짝
   데쳐 건진다.
2. 양파, 당근과 대파는 큼직하게 썰고 월계수잎을 준비한다.
3. 냄비에 물을 붓고 1, 2의 재료를 모두 넣고 강불에서 5분간
   끓인 후, 중불에서 40분 정도 푹 끓인다.
4. 3의 육수는 체에 면포를 받쳐 거른다.

TIP 육수 만들 때 사용한 닭고기는 냉장 또는 냉동 보관하다가
    필요할 때 손으로 찢어 재료로 활용하세요.

만들어 두면 편한 양념

순한간장

재료
육수 재료 사과 80g, 양파 40g, 대파 1/2대, 대추 5개, 말린
표고버섯 10g, 말린 백일송이버섯 5g, 다시마 4장(5x5cm),
물 8컵
양념 재료 양조간장 2컵, 유기쌀 올리고당 1컵, 청주 1/2컵

만드는 법
1. 사과, 양파, 대파는 큼직하게 썬다.
2. 냄비에 물과 모든 육수 재료를 넣고 40분간 푹 끓인다.
3. 2의 육수는 체에 면포를 받쳐 거른다.
4. 냄비에 3의 육수와 양념 재료를 넣고 10분간 끓인다.

순한어간장

재료
육수 재료 사과 80g, 양파 40g, 대파 1/2대, 육수용 멸치 20g,
대추 5개, 말린 표고버섯 10g, 다시마 4장(5x5cm),
가쓰오부시 10g(1컵), 물 5컵
양념 재료 양조간장 2컵, 유기쌀 조청 1컵, 청주 1/2컵

만드는 법
1. 사과, 양파, 대파는 큼직하게 썰고 멸치는 내장을 제거한 후
   마른 팬에 볶아 준비한다. 나머지 재료는 깨끗이 씻는다.
2. 냄비에 물을 붓고 가쓰오부시를 제외한 모든 육수 재료를
   넣고 강불에서 한소끔 끓인 후 중불에서 30분간 푹 끓인다.
3. 2의 육수를 체에 받쳐 걸러 2컵의 육수를 준비한다.
4. 3의 육수에 양념 재료를 넣고 중불에서 10분간 끓인 후 불을
   끄고 가쓰오부시를 넣는다. 20분 후 가쓰오부시는 체로 건진다.

순한된장드레싱

재료

통깨 1/4컵, 된장 1작은술, 마요네즈 1큰술,
유기쌀 올리고당 2큰술, 레몬즙 · 식초 2작은술씩

만드는 법

1. 믹서에 깨를 넣고 곱게 간다.
2. 1의 믹서에 나머지 재료를 모두 넣고 곱게 간다.

순한케첩

재료

토마토(중) 320g(4개), 홍 파프리카 140g, 양파 30g,
월계수잎 1장
양념 재료 유기쌀 올리고당 1/4컵, 유기농 황설탕 1큰술,
식초 1/4컵, 소금 1작은술, 후추 약간

만드는 법

1. 채소는 큼직하게 썬다.
2. 냄비에 1의 재료를 넣어 핸드블렌더로 곱게 간다.
3. 2의 재료에 월계수잎을 넣고 농도가 되직해질 때까지
   20분간 끓인다.
4. 3에 분량의 양념 재료를 넣고 10분간 졸인 후 월계수잎을
   제거한다.

아이를 건강하게 만드는 주식, 밥

우유밥

재료

백미 1컵(불린 쌀 1과 1/2컵), 우유 1/2컵, 끓는 물 1컵

만드는 법

1. 백미는 물에 2~3번 깨끗이 씻어 30분간 불린다.
2. 냄비에 1의 불린 쌀과 끓는 물 1컵을 붓고 뚜껑을 덮어 강불에서 2분간 끓인 후 불을 끈다. 주걱으로 골고루 젓고 다시 뚜껑을 닫아 2분간 둔다.
3. 다시 뚜껑을 닫고 강불에서 2분간 끓인 후, 불을 끄고 골고루 젓고 뚜껑을 닫아 2분간 둔다.
4. 3에 우유를 넣고 뚜껑을 닫고 1분간 끓인 후, 불을 끄고 뚜껑을 닫은 채 1분이 지나면 골고루 젓는다.

당근밥

재료

백미 1컵(불린 쌀 1과 1/2컵), 당근 40g, 끓는 물 1과 1/4컵

만드는 법

1. 백미는 물에 2~3번 깨끗이 씻어 30분간 불리고 당근은 강판에 간다.
2. 냄비에 1의 불린 쌀, 갈아둔 당근과 끓는 물을 붓고 강불에서 뚜껑을 닫아 2분간 끓인 후 불을 끈다. 주걱으로 골고루 젓고 뚜껑을 닫아 2분간 둔다.
3. 뚜껑을 닫은 채 강불에서 2분간 끓인 후, 불을 끄고 골고루 젓고 다시 뚜껑을 닫은 채 2분간 둔다.
4. 뚜껑을 닫은 채 강불에서 1분간 끓인 후, 다시 불을 끄고 뚜껑을 닫은 채 1분 후 골고루 젓는다.

허니버터간장밥

재료

밥 200g(2컵), 기버터(정제 버터) 1작은술, 순한간장 1작은술,
꿀 · 참기름 · 깨소금 1/2작은술씩

만드는 법

1. 팬에 기버터를 녹인 후 밥을 넣고 볶는다.
2. 1에 순한간장과 꿀을 넣고 고루 섞는다.
3. 2에 참기름과 깨소금을 넣는다.

TIP 기(ghee)버터는 고지방 저탄수화물 유지류로 유당불내증
아이도 먹을 수 있어요. 기버터가 없다면 일반 버터를
사용해도 좋아요.

잡곡밥

재료

백미 1컵(불린 쌀 1과 1/2컵), 퀴노아 20g, 끓는 물 1과 1/2컵

만드는 법

1. 백미와 퀴노아는 비율대로 섞어 물에 깨끗이 2~3번 씻은 후
   30분간 불린다.
2. 냄비에 1의 곡물과 끓는 물을 부어 강불에서 뚜껑을 닫고
   2분간 끓인다. 불을 끄고 주걱으로 골고루 저은 후
   다시 뚜껑을 닫아 2분간 둔다.
3. 뚜껑을 닫은 채 강불에서 2분간 끓인 후, 불을 끄고
   골고루 젓고 다시 뚜껑을 닫은 채 2분간 둔다.
4. 뚜껑을 닫은 채 강불에서 1분간 끓인 후, 다시 불을 끄고
   뚜껑을 닫은 채 1분 후 골고루 젓는다.

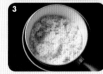

맛있는 식사를 위한 기본 국

된장채소국

재료
알새우 5개, 애호박 30g, 감자 30g, 양파 30g, 당근 30g, 된장 1작은술, 멸치다시마육수 3컵

만드는 법
1. 모든 채소는 네모지게 썰고 알새우는 잘게 썬다.
2. 냄비에 멸치다시마육수를 붓고 끓으면 된장을 체에 걸러 푼다.
3. 2의 육수가 끓으면 채소를 넣고 강불에서 바글바글 끓인다.
4. 불을 중불로 줄여 끓이다가 채소가 다 익으면 새우를 넣어 살짝 끓인다.

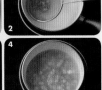

쇠고기김뭇국

재료
무 40g, 김 1장, 쇠고기육수 3컵, 조선간장 1작은술

만드는 법
1. 무는 납작하게 썬다.
2. 김은 불에 살짝 구운 후 잘게 부순다. (아이가 어릴수록 잘게 손질한다.)
3. 냄비에 쇠고기육수를 붓고 무와 김을 넣고 충분히 끓인다.
4. 3의 국에 조선간장을 넣어 간을 맞춘다.

대구맑은채소국

재료

대구 살 30g, 무 30g, 애호박 30g, 황금팽이버섯 20g, 콩나물
15g, 다시마채소육수 3컵, 순한어간장 1작은술(또는 조선간장)

만드는 법
1. 모든 채소와 버섯은 먹기 좋은 크기로 썰고 대구 살은
   한 입 크기로 썬다.
2. 냄비에 다시마채소육수를 붓고 끓으면 무를 먼저 넣고
   끓이다가 나머지 채소와 버섯을 넣고 끓인다.
3. 2의 재료가 어느 정도 익으면 콩나물과 대구 살을 넣고
   살짝 끓인다.
4. 3에 순한어간장을 넣어 간을 맞춘다.

닭고기쌀국수탕

재료
당근 20g, 감자 20g, 브로콜리 20g, 닭고기(다리 살) 40g,
쌀국수 30g, 닭고기 육수 3컵, 순한 어간장 1작은술

만드는 법
1. 쌀국수는 물에 담가 불린 후 먹기 좋은 길이로 자른다.
2. 당근, 감자는 채 썰고 브로콜리는 데친 후 한 입 크기로 썰며,
   닭고기는 손으로 먹기 좋게 찢는다.
3. 냄비에 닭고기 육수를 붓고 끓으면 당근과 감자를 넣고
   푹 익힌다.
4. 3에 1의 쌀국수와 닭고기, 브로콜리를 넣고 살짝 끓인 후
   순한 어간장으로 간한다.

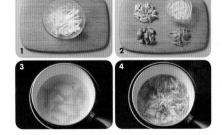

토마토채소수프

재료

토마토 200g, 양배추 50g, 완두콩 2큰술, 닭고기육수 1컵, 소금
약간

만드는 법

1. 양배추는 잘게 썰고 토마토는 큼직하게 썰며,
   완두콩은 체에 밭쳐 끓는 물을 부어 한 번 헹군다.
2. 토마토는 믹서에 넣고 곱게 간다.
3. 냄비에 2의 토마토와 닭고기육수를 붓고 나머지 채소를 넣고
   끓인 다음 소금으로 간한다.

고구마가지된장국

재료

고구마 60g, 가지 30g, 돼지고기(불고기감) 30g, 쪽파 10g,
왜된장 1/2작은술, 다시마채소육수 3컵,
청주 1작은술, 순한어간장 · 현미유 약간씩

만드는 법

1. 고구마와 가지는 껍질째 한 입 크기로 썰고 쪽파는 송송
   썬다.
2. 돼지고기는 한 입 크기로 썰어 순한어간장과 청주로 밑간한다.
3. 냄비에 현미유를 두르고 2의 고기를 볶다가 고구마와 가지를
   넣어 볶은 후 다시마채소육수를 넣고 끓인다.
4. 3에 왜된장을 풀고 쪽파를 넣어 살짝 끓인다.

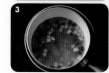

들깨미역두부떡국

재료
조랭이떡 100g, 건미역 5g(불린 미역 40g), 두부 60g, 표고버섯 20g, 들깻가루 1작은술, 쇠고기육수 3컵, 순한어간장 1작은술, 들기름 1/2큰술

만드는 법
1. 건미역은 물에 불린 후 깨끗이 씻어 자르고 두부와 표고버섯은 먹기 좋게 썰고 조랭이떡은 물에 담근다.
2. 냄비에 들기름을 두르고 1의 불린 미역과 표고버섯을 볶다가 쇠고기육수와 순한어간장을 넣고 한소끔 끓인다.
3. 2가 끓으면 중불에서 15분간 푹 끓인 후 두부와 조랭이떡을 넣는다.
4. 조랭이떡이 다 익으면 들깻가루를 넣고 살짝 끓인다.

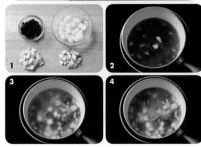

양송이감자수프

재료
양송이버섯 80g, 감자 60g, 양파 50g, 닭고기육수 3컵, 우유 1/4컵, 기버터(정제 버터) 1작은술, 소금 1/3작은술

만드는 법
1. 양송이버섯과 감자와 양파는 채 썬다.
2. 냄비에 기버터를 두르고 양파를 볶다가 나머지 1의 재료를 충분히 볶은 후 닭고기육수를 부어 센불에서 한소끔 끓인 후 중불에서 15분간 푹 끓인다.
3. 믹서에 2의 재료를 넣고 곱게 간다.
4. 냄비에 3을 붓고 약불에서 끓이다가 우유와 소금을 넣는다.

TIP 감자 대신 고구마나 단호박을 사용해도 좋아요.

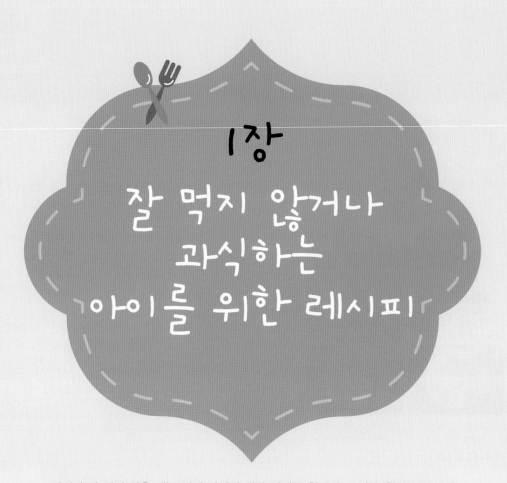

1장

잘 먹지 않거나 과식하는 아이를 위한 레시피

아이가 잘 먹지 않을 때는 먼저 아이의 건강 상태를 확인하고, 다른 원인으로 인해 잘 먹지 않는 것은 아닌지 꼼꼼히 살펴봅니다. 부족한 영양분은 간식을 통해서라도 보충하게 하고, 아이와 함께 요리나 미각 교육 활동을 통해 음식을 만들고 먹는 즐거움을 깨우쳐 주는 것이 중요합니다.

과식하는 아이들에게는 식사 시간과 식사 양을 일정하게 유지해 줍니다. 무엇보다 아이가 고열량, 고지방 음식에 너무 노출되어 있는지 되짚어보며, 과식과 편식으로 인한 영양 불균형이 일어나지 않도록 주의해야 합니다. 비타민, 미네랄 등의 미량영양소와 영양을 균형 있게 조절한 식단을 주어 비만을 예방합니다.

적게 먹어요 1

고구마그라탕
발사믹양송이볶음

고구마그라탕은 성장기 어린이에게 꼭 필요한 단백질, 탄수화물과 비타민, 미네랄이 고루 갖춰진 건강 반찬이자 간식으로도 손색없는 메뉴입니다. 발사믹양송이볶음은 발사믹식초가 버섯의 풍미를 한층 살려주어 기존의 익숙한 버섯볶음에서 느낄 수 없는 색다른 맛을 즐길 수 있습니다.

아이와 함께하는 미각 교육

당근밥(26p)

들깨미역두부떡국(31p)

고구마그라탕

발사믹양송이볶음

고구마그라탕과 발사믹양송이볶음은 고구마, 브로콜리, 토마토, 양송이버섯 등 알록달록한 색이 예쁜 요리입니다. 채소를 보고 무조건 먹지 않으려는 아이에게 먼저 음식에 어떤 색이 있는지 또, 어떤 모양의 재료가 제일 좋은지 등을 물어보며 자연스럽게 음식과 친해지게 합니다.

고구마그라탕 미각 교육

1단계 관찰하기

🙂 이 음식에서 가장 좋아하는 색깔은 뭐야?

😊 자주색도 좋고, 초록색도 좋아요!

2단계 냄새 맡고 만져 보기

🙂 초록색 브로콜리의 줄기는 단단하네, 잎 봉오리도 한번 만져 볼래?

😊 뽀송뽀송해요. 풀 같아요.

3단계 맛보기

🙂 요리하기 전 브로콜리는 정말 풀 맛이 나네?

😊 요리한 후 브로콜리는 훨씬 부드러워요.

발사믹양송이볶음 미각 교육

1단계 관찰하기

🙂 동글동글 방울토마토는 무슨 색일까?

😊 빨간색이요. 양송이버섯은 흰색인데 갈색이 되었어요.

2단계 냄새 맡고 만져 보기

🙂 양송이버섯을 한번 만져 볼래?

😊 촉촉하고 매끌매끌해요.

3단계 맛보기

🙂 양송이버섯은 물컹물컹 잘 씹히네?

😊 방울토마토는 입안 가득 새콤달콤해요.

고구마그라탕

재료

고구마 50g, 수제 햄 25g, 브로콜리 20g,
피자 치즈 20g(2큰술), 현미유 1작은술,
소금 약간
반죽 우리통밀가루 1큰술, 물 1큰술, 소금 약간

만드는 법

1. 고구마는 납작하게 편으로 썰고 수제 햄과
   브로콜리는 한 입 크기로 썬다.

2. 브로콜리와 고구마는 끓는 물에 각각 데친
   후 체에 밭쳐 물기를 제거한다.

3. 우리통밀가루에 물과 소금을 넣고 잘 풀어
   반죽을 만든다.

4. 팬에 현미유를 두르고 고구마, 브로콜리, 수
   제 햄을 소금 간하여 볶은 후, 어느 정도 익
   으면 반죽을 고루 붓는다. 그 위에 피자 치즈
   를 뿌리고 뚜껑을 덮은 채로 치즈가 녹을 때
   까지 약불에서 4~5분간 굽는다.

고구마 대신 감자나 단호박을 사용해도
좋아요. 고구마 껍질을 벗겨서 사용하면
더욱 부드러운 식감을 내요.

발사믹양송이볶음

재료

양송이버섯 3개, 방울토마토 2개,
현미유 1작은술, 깨소금 약간
<u>소스</u> 순한간장 1작은술, 발사믹식초 1/3작은술,
참기름 1/2작은술

만드는 법

1. 양송이버섯은 열십자로 4등분하고, 방울토
   마토는 크기에 따라 2~4등분한다.
2. 분량의 소스 재료를 잘 섞어 놓는다.
3. 팬에 현미유를 두르고 양송이버섯을 볶다가
   방울토마토를 넣고, 2의 소스와 깨소금을 넣
   어 볶는다.

발사믹소스가 없다면 순한간장만 넣어도
맛이 좋아요.

쇠고기치즈밥전
고구마견과볶음

쇠고기치즈밥전은 밥, 채소, 육류와 유제품까지 들어간 음식으로 조금만 먹어도 아이들이 고른 영양분을 섭취할 수 있는 메뉴입니다. 고구마견과볶음은 고구마, 당근 그리고 성장기 두뇌 발달에 도움이 되는 견과류를 함께 볶아 달콤하면서 고소한 맛을 더했습니다.

아이와 함께하는 미각 교육

제철 과일

쇠고기김뭇국(28p)

쇠고기치즈밥전

고구마견과볶음

동글동글한 한 입 크기의 쇠고기치즈밥전은 아이들과 함께 요리하기 좋은 메뉴입니다. 여러 재료를 모두 잘게 썰어 전으로 부치면 어떤 맛이 나는지 아이와 함께 이야기해 봅니다. 고구마견과볶음은 안에 든 재료가 고구마일지, 감자일지 맞혀 보는 놀이를 통해 아이들의 호기심을 유발하고 재미있게 음식을 맛볼 수 있게 합니다.

쇠고기치즈밥전 미각 교육

1단계 관찰하기

🙂 쇠고기치즈밥전은 어떤 모양이지?

😊 동글납작한 모양이에요.

2단계 냄새 맡고 만져 보기

😊 전 안에는 무슨 색깔들이 보이니?

😊 주황색, 초록색 그리고 갈색도 있어요.

3단계 맛보기

🙂 고기랑 치즈와 채소들이 모두 들어 있는 전이야.
어떤 맛일지 한번 먹어 볼까?

😊 고기 맛도 나고 정말 고소해요.

고구마견과볶음 미각 교육

1단계 관찰하기

🙂 여기는 네모 나라인가 봐. 네모난 음식이 많네?

😊 마치 주사위 같아요! 다른 모양도 있네요?

2단계 냄새 맡고 만져 보기

😊 호두랑 땅콩인데 잘게 썰었단다.

😊 딱딱하고 울퉁불퉁한 호두가 가루가 되었어요.

3단계 맛보기

🙂 그러면 호두랑 땅콩을 고구마와 같이 먹어 볼까?

😊 씹을 때마다 고소한 맛이 나요.

쇠고기치즈밥전

재료

간 쇠고기 50g, 밥 100g(1컵), 양파 20g,
당근 20g, 애호박 20g, 아기치즈 1장, 달걀 1개,
현미유 약간

고기 양념 순한간장 1/3작은술, 다진 마늘
1/4작은술, 깨소금 · 후추 약간씩

만드는 법

1. 양파, 당근, 애호박과 치즈는 잘게 썰고, 간
   쇠고기는 고기 양념으로 양념한다.

2. 팬에 현미유를 두르고 썰어 둔 채소와 고기
   를 순서대로 볶다가 밥과 치즈를 넣어 볶음
   밥을 만든다.

3. 2의 볶음밥이 식으면 볼에 담아 달걀을 넣고
   잘 섞는다.

4. 팬에 현미유를 두르고 3을 한 스푼씩 떠 넣
   어 밥전을 부친다.

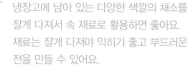

냉장고에 남아 있는 다양한 색깔의 채소를
잘게 다져서 속 재료로 활용하면 좋아요.
재료는 잘게 다져야 익히기 좋고 부드러운
전을 만들 수 있어요.

고구마견과볶음

재료

고구마 60g, 당근 30g, 견과류 가루 1큰술,
물 1/4컵, 현미유 1작은술, 참기름 · 깨소금
1/2작은술씩

만드는 법

1. 고구마와 당근은 네모지게 썰고 크기는 아
   이의 나이에 맞게 조절한다.
2. 팬에 현미유를 두르고 당근과 고구마를 볶
   다가 분량의 물을 넣어 충분히 익힌다.
3. 2에 견과류 가루를 넣고 잘 섞은 후, 깨소금
   과 참기름을 넣는다.

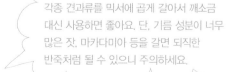

각종 견과류를 믹서에 곱게 갈아서 깨소금
대신 사용하면 좋아요. 단, 기름 성분이 너무
많은 잣, 마카다미아 등을 갈면 되직한
반죽처럼 될 수 있으니 주의하세요.

천천히 먹어요 1

연어롤
토마토가지볶음

천천히 먹는 아이들에게는 잘 씹을 수 있고 목 넘김이 부드러운 음식이 좋습니다. 연어에는 단백질과 성장기 어린이를 위한 칼슘 흡수를 돕는 비타민D가 풍부합니다. 아보카도는 과일계의 버터로 불릴 만큼 영양이 풍부합니다. 한입에 쏙 먹을 수 있는 연어롤에 비타민과 미네랄이 풍부한 토마토가지볶음 그리고 닭고기쌀국수탕을 곁들였습니다.

아이와 함께하는 미각 교육

우유밥(26p)

닭고기쌀국수탕(29p)

연어롤

토마토가지볶음

동그랗게 말린 연어롤과 알록달록한 음식 재료들이 아이의 시선을 사로잡습니다. 특히, 연어는 색도 예쁘고 무늬도 있어 아이들이 관심을 보이는 재료랍니다. 아이가 좋아하는 색깔과 다양한 모양의 요리를 맛보며 맛에 대해서도 충분히 이야기해 봅니다.

연어롤 미각 교육

1단계 관찰하기

동글동글한 연어롤을 자르면 어떤 모양일까?

마치 꽃잎 같아요!

2단계 냄새 맡고 만져 보기

정말 꽃잎 같네. 한번 만져 볼까?

꽃잎처럼 부드러워요.

3단계 맛보기

이 노란색 소스는 무엇인지 한번 맛볼래?

새콤달콤 파인애플 맛이 나요.

토마토가지볶음 미각 교육

1단계 관찰하기

여러 재료가 섞인 요리야. 뭐가 보이니?

모두 네모난 모양이에요. 토마토도 보여요.

2단계 냄새 맡고 만져 보기

익힌 가지를 한번 만져 볼까?

보라색 껍질은 부드럽고 안쪽은 물컹해요.

3단계 맛보기

가지와 토마토를 같이 먹어 보면 어떤 맛일까?

새콤한 맛이 나요. 입안에서 부드럽게 씹혀요.

연어롤

재료

훈제 연어 40g, 양상추 2잎,
아보카도 30g, 파인애플(링) 1/2토막,
라이스페이퍼 4장, 따뜻한 물 적당량
요거트 소스 요거트 2큰술, 꿀 · 레몬즙
1작은술씩, 소금 약간

만드는 법

1. 양상추, 아보카도와 파인애플은 손가락 길이
   로 채 썰고, 훈제 연어는 반으로 자른다.
2. 라이스페이퍼는 따뜻한 물에 담갔다가 건져
   서 부드럽게 한다.
3. 볼에 분량의 재료를 혼합하여 요거트 소스
   를 만든다.
4. 도마 위에 2의 라이스페이퍼를 펴고 훈제 연
   어와 1의 재료를 가지런히 얹어서 돌돌 만
   후, 먹기 좋게 썰어 요거트 소스를 곁들인다.

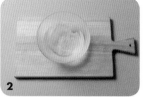

훈제 연어 대신 캔 연어나 캔 참치를 속
재료로 사용해도 좋아요. 롤 속의 부재료는
다양한 색감과 식감을 줄 수 있는 재료로
채워 주세요.

토마토가지볶음

재료

토마토 80g(1개), 가지 60g, 양파 30g,
순한간장 1/2작은술, 현미유 · 참기름
1/2작은술씩, 깨소금 약간

만드는 법

1. 가지는 필러로 껍질을 벗기고 토마토, 양파
   는 한 입 크기로 썬다.
2. 팬에 현미유를 두르고 양파를 노릇하게 볶
   다가 가지를 넣고 볶는다.
3. 2의 재료가 충분히 익으면 토마토를 넣고 살
   짝 볶는다.
4. 3에 순한간장과 참기름과 깨소금을 넣고 잘
   섞는다.

토마토는 끓는 물에 살짝 데쳐서 껍질을
제거하고 사용하면 식감이 더욱 부드러워요.

닭고기두부전
단호박견과찜

닭고기두부전은 동물단백질과 식물단백질이 고루 들어 있고 맛이 담백합니다. 아이들이 손으로도 잘 집어 먹을 수 있어 핑거푸드로 활용하기도 좋습니다. 단호박견과찜을 곁들여 부족한 비타민과 미네랄을 보충한 한 끼 식판식을 구성했습니다.

아이와 함께하는 미각 교육

우유밥(26p)

토마토채소수프(30p)

닭고기두부전

단호박견과찜

동글동글 닭고기두부전과 유사한 모양을 가진 우리 집 물건들에 대해 이야기해 봅니다. 또, 단호박과 똑같은 색깔의 주변 물건을 찾아보는 것도 재미있는 활동이 됩니다. 아이가 좋아하는 음식 재료의 모양과 색을 하나둘씩 순서대로 살펴보며 음식을 즐겁게 먹을 수 있게 이끌어 줍니다.

닭고기두부전 미각 교육

1단계 관찰하기

👧 동글 납작한 전 안에 어떤 색깔이 보이니?

🙂 주황색이 콕콕 박혀 있어요.

2단계 냄새 맡고 만져 보기

👧 깡충깡충 토끼가 좋아하는 주황색 당근이네!

🙂 당근이 있어서 아삭아삭할 것 같아요.

3단계 맛보기

👧 그럼 입에 넣고 꼭꼭 씹어 볼까?

🙂 고기와 당근이 들어 있어 더 맛있어요.

단호박견과찜 미각 교육

1단계 관찰하기

👧 네모난 모양의 이건 뭘까?

🙂 단호박 같아요!

2단계 냄새 맡고 만져 보기

👧 껍질은 울퉁불퉁 거칠거칠한 초록색이네?

🙂 단호박의 겉은 거친데 속은 부드러워요.

3단계 맛보기

👧 한번 먹어 보면 달콤한 맛이 느껴질 거야!

🙂 정말 부드럽고 달콤해요.

닭고기두부전

재료
닭고기(안심) 30g, 두부 30g, 양파 10g,
당근 5g, 왜된장 1/3작은술, 달걀물 1큰술,
현미유 1작은술

만드는 법
1. 닭고기, 당근과 양파는 잘게 썬다.
2. 두부는 면포에 싸서 물기를 제거하고 손으
   로 주물러서 으깬다.
3. 볼에 1과 2의 재료, 왜된장과 달걀을 넣고 잘
   섞는다.
4. 팬에 현미유를 두르고 3의 재료를 한 스푼씩
   떠 넣어 약한 불에 납작하게 부친다.

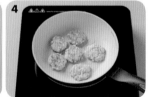

냉장고에 남아 있는 다양한 색깔의 채소를
잘게 다져서 속 재료로 넣어도 좋아요.
재료는 잘게 썰어야 익히기 좋고 부드러운
전을 만들 수 있어요.

단호박견과찜

재료
단호박 80g, 슬라이스 아몬드 1작은술,
꿀 1/2작은술

만드는 법

1. 단호박은 껍질째 한 입 크기로 먹기 좋게 썬
   다.
2. 1의 단호박을 전자레인지에 넣고 3분간 익힌
   다.
3. 접시에 단호박을 담고 슬라이스 아몬드와
   꿀을 뿌린다.

단호박 대신 고구마를 사용해도 돼요.
달콤하게 쪄 주면 간식으로도 정말 좋으며,
슬라이스 아몬드 대신 잘게 다진 호두나
말린 과일 등을 곁들여도 잘 어울려요.

두부버섯볶음
병아리콩사과조림

너무 많이 먹는 아이는 콩, 식물단백질 위주의 저지방식을 습열 조리해 주는 것이 좋습니다. 두부와 병아리콩으로 단백질을 보충하고 열량은 낮춘 식단입니다. 육류 대신 버섯으로 쫄깃한 식감을 더한 두부버섯볶음과 사과와 함께 병아리콩을 조려 새콤하면서 달콤한 저열량, 저지방식 건강 반찬을 소개합니다.

아이와 함께하는 미각 교육

잡곡밥(27p)

된장 채소국(28p)

두부버섯볶음

병아리콩사과조림

작고 귀여운 병아리콩에 네모 모양의 사과를 곁들인 병아리콩사과조림은 다양한 미각 교육을 진행하기 좋은 요리입니다. 아이들이 좋아하는 모양의 재료를 순서대로 하나씩 젓가락으로 집어 먹게 하거나, 병아리콩이라는 이름에 대한 생각을 말해 보는 등 재미있는 놀이를 통해 아이들의 참여를 이끌어 봅니다.

두부버섯볶음 미각 교육

1단계 관찰하기

이 요리에는 어떤 재료가 들어갔을까?

두부가 보여요. 짙은 갈색은 뭐예요?

이건 양송이버섯이라고 하는 거야. 요리하면 색깔이 더 짙어진단다.

2단계 냄새 맡고 만져 보기

요리하기 전인 양송이버섯을 한번 만져 볼래?

보송보송하고 동글동글해요. 흙냄새가 나요.

3단계 맛보기

두부랑 버섯을 볶은 반찬은 어떤 맛인지 먹어 보자!

두부는 부드럽고 버섯은 쫄깃해요.

병아리콩사과조림 미각 교육

1단계 관찰하기

동글동글한 이 작은 콩 이름은 뭐예요?

이건 병아리콩이라고 한단다. 병아리처럼 작고 귀엽지?

2단계 냄새 맡고 만져 보기

요리하기 전의 병아리콩을 한번 만져 볼래?

단단하고 거칠기도 하고 재미있는 느낌이에요.

3단계 맛보기

병아리콩이랑 사과를 입안에 넣고 같이 먹어 보자!

부드러우면서 사각사각해요.

두부버섯볶음

재료
두부 70g, 양송이버섯(중) 2개, 견과류 1큰술,
순한어간장 1/2작은술, 현미유 1큰술,
참기름 · 검정깨 1/2작은술씩

만드는 법

1. 두부와 양송이버섯은 한 입 크기로 썰고 견
   과류는 잘게 다진다.
2. 팬에 견과류를 볶다가 노릇해지면 따로 덜
   어 놓는다.
3. 팬에 현미유를 두르고 두부를 노릇하게 지
   진 후 양송이버섯을 넣고 익힌다.
4. 3에 순한어간장을 넣고 2의 볶은 견과류, 검
   정깨와 참기름을 넣고 잘 섞는다.

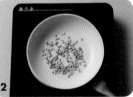

두부버섯볶음에 물이나 육수를 자작하게
붓고 달걀을 풀어 넣어 익힌 후 밥 위에
얹으면 덮밥으로도 즐길 수 있어요.

병아리콩 사과조림

재료

병아리콩 40g(불리면 80g), 사과 50g, 다시마 1장(5x5cm), 물 1/2컵, 순한간장 1큰술, 유기쌀 조청·참기름 1작은술씩, 검정깨 약간

만드는 법

1. 병아리콩은 깨끗이 씻어서 반나절 동안 물에 불리고, 사과는 껍질째 한 입 크기로 썰며, 다시마는 젖은 키친타올로 닦아서 준비한다.
2. 불린 병아리콩을 냄비에 넣고 5분간 삶은 후 건진다.
3. 냄비에 분량의 물과 다시마를 넣고 끓인다. 물이 끓으면 병아리콩을 넣고 10분간 조린 후, 다시마를 건지고 사과, 순한간장과 유기쌀 조청을 넣고 윤기 나게 조린다.
4. 3에 검정깨를 뿌린 후 참기름을 두른다.

병아리콩은 충분히 불려서 사용해야 부드럽게 익힐 수 있어요.

많이 먹어요 2

대구치즈전
수제피클

저열량 고단백의 부드러운 대구 살에 치즈를 넣어 만든 전은 아이들이 유독 좋아하는 요리입니다.
여기에 시원한 제철 과일을 넣어 새콤달콤하게 만든 수제피클은 부족해지기 쉬운 비타민, 미네랄 등의
미량영양소를 보충해 줍니다.

아이와 함께하는 미각 교육

당근밥(26p)

고구마가지된장국(30p)

대구치즈전

수제피클

부드러운 대구치즈전에 형형색색의 여름 재료를 더한 수제피클은 보기에도 예쁘고 맛있어 보입니다. 아이와 함께 수제피클을 먹어 보며 신맛과 단맛에 대해 이야기해 봅니다. 그리고 신맛과 단맛의 강도를 그림이나 표로 나타내 봅니다.(129p 참고)

대구치즈전 미각 교육

1단계 관찰하기

이 음식에는 어떤 색깔이 보이니?

주황색, 초록색, 갈색도 보여요!

2단계 냄새 맡고 만져 보기

전을 손으로 만져 보고 어떤 느낌인지 알아볼까?

촉촉하고 보들보들해요.

3단계 맛보기

치즈가 들어 있어 촉촉하고 고소한 전을 한번 먹어 볼래?

맛있어요! 생선 냄새가 안 나요!

수제피클 미각 교육

1단계 관찰하기

재미난 모양과 색깔이 많이 보이네?

동그라미, 네모, 세모 재료가 알록달록해요.

2단계 냄새 맡고 만져 보기

하얀 과일은 무엇일지 한번 냄새 맡아 볼래?

시원한 참외 냄새가 나요.

3단계 맛보기

노란색 과일을 한번 먹어 볼래?

달콤하고 새콤해요. 복숭아 맛이에요.

대구치즈전

재료

대구 살(전감) 80g, 애호박 10g, 당근 10g,
아기치즈 1/2장, 달걀물 3큰술, 현미유 1작은술

만드는 법

1. 대구 살은 먹기 좋은 크기로 손질하여 물기를 제거하고 애호박과 당근, 아기치즈는 잘게 다진다.
2. 볼에 1의 채소, 치즈와 달걀물을 넣고 잘 섞는다.
3. 2의 달걀물에 대구 살을 넣어 재료를 골고루 묻힌다.
4. 팬에 현미유를 두르고 3의 대구 살을 중불에서 노릇하게 지진다.

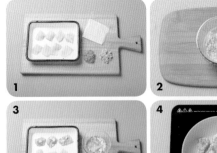

대구 살 대신 전으로 많이 만드는 동태 살을 사용해도 좋아요.

수제피클

재료
방울토마토 10개, 참외(소) 1개, 오이 1/2개,
천도복숭아 1개
피클액 물 1컵, 설탕 · 식초 1/4컵씩

만드는 법

1. 참외, 오이와 천도복숭아는 먹기 좋게 썰고
   방울토마토는 꼭지를 떼고 씻는다.
2. 냄비에 피클액 재료를 넣고 한소끔 끓인다.
3. 소독된 병에 1의 과일을 골고루 담고 2의 뜨
   거운 피클액을 붓는다. 반나절 실온에 둔 후
   냉장 보관한다.

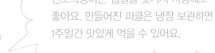

천도복숭아는 껍질을 벗겨서 사용해도
좋아요. 만들어진 피클은 냉장 보관하면
1주일간 맛있게 먹을 수 있어요.

더운방울양배추토마토샐러드
닭고기사과카레볶음

음식을 빨리 먹는 아이에게는 소화에 도움이 되는 식품을 활용해 요리해 줍니다. 방울양배추는
소화에도 도움이 되며 기름에 볶으면 단맛이 더해져 아이들이 잘 먹습니다. 또한, 소화가 잘 되는
닭고기에 사과를 넣어 카레 가루와 함께 볶으면 색다른 닭고기 요리를 만들 수 있습니다.

아이와 함께하는 미각 교육

허니버터간장밥(27p)

양송이감자수프(31p)

더운방울양배추토마토샐러드

닭고기사과카레볶음

작은 크기의 동그란 방울양배추와 동글동글 방울토마토는 아이들이 좋아하는 음식 재료입니다. 큰 양배추와 방울양배추, 일반 토마토와 방울토마토를 비교하며 이야기해 보는 것도 좋습니다. 작고 귀여운 양배추와 토마토를 활용해 즐거운 미각 교육 대화를 이끌어 봅니다.

더운방울양배추토마토샐러드 미각 교육

1단계 관찰하기

이 귀여운 채소 이름은 방울양배추야.

정말 양배추와 비슷하게 생겼어요.

2단계 냄새 맡고 만져 보기

방울양배추와 방울토마토의 크기는 어때?

양배추와 토마토의 크기가 비슷하다니 신기해요.

3단계 맛보기

방울양배추랑 방울토마토를 한 조각씩 맛을 보렴.

사각거리기도 하고, 물컹하기도 해요.

닭고기사과카레볶음 미각 교육

1단계 관찰하기

어떤 색깔이 보이니?

노란색과 빨간색이요!

2단계 냄새 맡고 만져 보기

빨간색은 크랜베리라는 열매를 말린 거야.

만져 보니 말랑말랑해요.

3단계 맛보기

닭고기와 사과가 카레와 섞이면 어떤 맛일까?

카레 맛이 나는 닭고기예요. 사과도 아삭하게 씹혀요!

더운방울양배추 토마토샐러드

재료

방울양배추 50g, 방울토마토 3개,
순한간장 1작은술, 유기쌀 조청 1/2작은술,
현미유 1작은술, 참기름 · 깨소금 1/2작은술씩

만드는 법

1. 방울양배추와 방울토마토는 먹기 좋게 썬다.
2. 끓는 물에 방울양배추를 살짝 데친다.
3. 팬에 현미유를 두르고 방울양배추를 볶다가
   방울토마토를 넣고 볶는다.
4. 3에 순한간장과 유기쌀 조청을 넣고 볶다가
   참기름과 깨소금을 넣는다.

방울양배추는 양배추보다 영양이 더
풍부하며, 크기가 작아 한입에 쏙 들어가요.
또한, 단맛이 좋아서 아이들 반찬으로
다양하게 활용하기 좋은 재료예요.

닭고기
사과카레볶음

재료

닭고기(가슴 살) 60g, 사과 40g, 크랜베리
1큰술, 카레 가루 1/2작은술, 우유 1큰술,
기버터(정제 버터) 1작은술

만드는 법

1. 사과는 껍질째 채 썰고, 닭고기는 얇게 포를
   뜬 후 우유에 20분간 재운 후 건진다.
2. 기버터를 두른 팬에 1의 닭고기를 노릇하게
   구운 후 손으로 먹기 좋게 찢는다.
3. 볼에 2의 닭고기와 사과 채를 넣고 우유와
   카레 가루를 넣어 잘 버무린다.
4. 기버터를 두른 팬에 3의 재료와 크랜베리를
   넣고 잘 볶는다.

닭고기는 구워서 결을 살려 손으로 찢으면
식감이 더욱 좋아요. 크랜베리 대신
건포도를 넣어도 돼요.

들깨콩나물무침
닭구이샐러드

빨리 먹는 아이들은 목 넘김이 부드러운 재료보다는 씹는 연습을 할 수 있는 재료로 요리해 주는 것이 좋습니다. 섬유질이 풍부한 콩나물은 한 번에 삼키기 힘들어 아이가 꼭꼭 씹어야 하는 재료라서 천천히 먹을 수 있도록 도와줍니다. 소화가 잘 되는 닭고기 구이와 양상추 샐러드를 곁들여 비타민과 미네랄을 보충했습니다.

아이와 함께하는 미각 교육

잡곡밥(27p)

고구마가지된장국(30p)

들깨콩나물무침

닭구이샐러드

가늘고 긴 콩나물만 보고도 아이들은 많은 이야기와 놀이를 만들어 냅니다. 아이들이 이끌어 가는 놀이를 적극적으로 함께해 보는 것도 좋습니다. 콩나물이 빨리 자란다는 것과 어두운 곳에서 더 맛있게 자란다는 특징 등을 알려주면 콩나물에 더욱 흥미를 느낍니다.

들깨콩나물무침 미각 교육

1단계 관찰하기

🙂 이건 어떤 요리일까? 마치 국수 같지?

😊 콩나물도 당근도 길쭉길쭉해서 국수 같아요.

2단계 냄새 맡고 만져 보기

😊 들깻가루에서는 무슨 냄새가 날까?

😊 고소한 냄새가 나요.

3단계 맛보기

🙂 콩나물과 당근을 한 가닥씩 집어서 맛을 보렴.

😊 콩나물은 아삭하고 당근은 부드럽게 씹혀요.

닭구이샐러드 미각 교육

1단계 관찰하기

🙂 닭고기 밑에 있는 채소는 무엇일까?

😊 초록색 채소인데, 상추 같기도 해요.

🙂 이건 아삭아삭한 양상추란다.

2단계 냄새 맡고 만져 보기

😊 이 요리의 냄새도 한번 맡아 볼래?

😊 맛있는 고기 구이 냄새와 신선한 채소 냄새가 나요.

3단계 맛보기

🙂 부드러운 닭고기에 아삭한 양상추를 함께 먹어 보렴.

😊 닭고기와 양상추가 잘 어울리는 맛이에요.

들깨콩나물무침

재료

콩나물 80g, 당근 10g, 들깻가루 2작은술,
현미유 1작은술, 참기름 · 깨소금 1/2작은술씩

만드는 법

1. 콩나물은 꼬리를 다듬어 끓는 물에 3분간 데
   친다.
2. 데친 콩나물은 먹기 좋은 길이로 자르고 당
   근은 필러로 납작하게 썬다.
3. 팬에 현미유를 두르고 당근을 볶다가 익으
   면 콩나물을 넣고 살짝 볶는다.
4. 3에 들깻가루와 참기름, 깨소금을 넣고 잘
   버무린다.

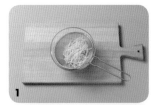

콩나물은 양질의 섬유소로 위장을
편안하게 하고, 소화를 도우며 면역력
증강에 좋은 음식 재료예요.

닭구이샐러드

재료
닭고기(다리 살) 80g, 양상추 2잎,
순한어간장 1작은술, 우유 1작은술, 물 1/4컵,
현미유 1작은술

만드는 법

1. 닭고기는 먹기 좋게 썰어 우유에 30분간 재
   우고 양상추는 채 썬다.
2. 현미유를 두른 팬에 1의 닭고기를 노릇하게
   구워 익힌다.
3. 2에 순한어간장과 물을 넣어 바글바글 끓으
   면 닭고기에 끼얹어 가며 윤기 나게 조린다.
4. 3의 닭고기를 썰어 양상추와 함께 곁들인다.

양상추 외에도 아이가 좋아하는 다양한
생채소를 닭구이에 곁들여 보세요.

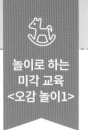

사과 개구리

오감을 통한 감각 놀이 활동은 아이들이 여러 가지 음식 재료를 직접 탐색해 보는 놀이입니다. 이 활동을 통해 아이들은 재료의 질감, 온도(손-촉각), 형태와 색감(눈-시각), 냄새(코-후각)를 직접 경험해 보고 입에서 느껴지는 촉감과 맛(혀-미각) 그리고 음식을 씹을 때 들리는 소리(귀-청각)에 집중하는 시간을 가집니다. 이런 과정을 통해서 아이는 자신이 좋아하는 음식의 특징을 터득하고, 흥미를 느끼며 음식을 먹고 싶다는 욕구가 생깁니다.

【재료 알아보기】

재료
풋사과 1개, 부사 1개, 풋사과 1조각, 부사 1조각, 호두 2개, 크랜베리 또는 건포도 2알, 크림치즈 1작은술
도구
접시(아이용) 1개, 숟가락(아이용) 1개

1. 서로 다른 품종의 사과 두 개를 원재료로 하나씩, 조각으로 하나씩 준비합니다.
2. 아이는 오감을 통해 품종이 다른 두 개의 사과를 각각 관찰합니다.
   시각(눈) : 사과의 색깔과 모양, 크기 등을 살펴봅니다.
   촉각(손) : 사과를 만져 보고 촉감과 느낌을 표현합니다.
   후각(코) : 사과를 코에 대고 숨을 크게 들이마시며 향을 맡아 봅니다.
3. 먼저 품종이 다른 사과 두 개의 차이점에 대해 아이가 자유롭게 이야기하게 합니다. 그리고 부모와 함께 사과의 색상, 형태, 크기, 냄새 및 향 등에 대해 이야기를 나눕니다.
4. 아이는 준비된 사과 조각을 맛본 후 단맛과 신맛을 느껴보고 그 차이를 알아봅니다.
   미각(혀) : 사과 조각을 입안에 넣고 맛을 보면서 느껴지는 맛을 말로 표현해 봅니다.
   청각(귀) : 사과 조각을 입안에 넣고 씹을 때 귀로 들리는 소리를 표현해 보고, 어떤 소리가 들리는지 이야기해 봅니다.

【사과 개구리 만들기】

1. 풋사과는 껍질째 4등분한 후 사과 안쪽의 씨 부분을 잘라 내어 개구리 몸통을 만듭니다.
2. 개구리 몸통 아랫부분에 칼집을 넣어 입 모양을 만듭니다.
3. 호두 한쪽 면에 크림치즈를 묻혀 개구리 몸통 아랫부분 양쪽에 물갈퀴를 만들어 줍니다.
4. 크랜베리 또는 건포도 한쪽 면에 크림치즈를 묻혀 개구리 눈을 만들어 사과 개구리를 완성합니다.

◎주의해 주세요

아이들이 먹기 싫어하는 재료를 자유롭게 뱉어 낼 수 있도록 빈 그릇을 준비합니다. 그리고 아이가 억지로 음식을 먹지 않도록 주의합니다. 아이가 싫어하는 음식과 친해지기 위해서는 여덟 번 이상 반복적인 경험이 필요하다고 합니다. 편식 개선의 첫걸음은 아이가 음식을 먹어 보려고 시도하는 것입니다. 입에 넣었다가 뱉은 행동조차 음식을 먹기 위한 첫 단계일 수 있습니다.

요거트에 빠진 과일 농장

아이가 음식의 맛을 발견하고 오감으로 느끼는 감각과 감정을 자유롭게 표현할 수 있게 합니다. 이 놀이는 여러 감각을 통해 음식의 맛을 재발견하는 활동입니다. 단순히 앞에 잘 차려진 음식을 먹고 배를 채우기 위한 행위가 아닌, 음식이 가진 다양한 특징을 알아 가면서 음식의 참맛을 알아 가고 먹는 즐거움을 깨닫게 합니다. 또한, 오감으로 음식을 먹으면 음식이 더 맛있고 식사 시간이 즐겁다는 것도 알게 됩니다.

【재료 알아보기】

재료

샐러드 재료로 적합한 다양한 제철 채소 및 과일 4~5종류(토마토, 키위, 파프리카 등) 1컵 분량

과일청 드레싱

요거트 3큰술, 과일청(오디청, 복분자청, 유자청 등) 1큰술, 레몬즙 1작은술(생략 가능), 소금 약간

도구

접시 1개, 도마 1개, 칼 2개(부모용과 아이용), 소스 볼 1개, 숟가락 1개

1. 접시에 신선한 제철 채소와 과일 조각을 담아 준비합니다.
   (원재료의 색감이 잘 드러나는 흰색 접시가 좋습니다.)
2. 아이가 접시에 담긴 재료를 맛보기 전에 오감을 활용하여 각 재료를 탐색하고 친해질 수 있는 시간을 갖습니다.
3. 먹기 전 단계 : 아이가 방울토마토의 색과 형태를 살펴보며 손으로 만져 보고 눌러 보면서 재료의 강도를 알아봅니다. 냄새와 향도 맡아 봅니다. 이 단계에서 아이는 본인이 좋아하는 재료의 특징을 설명하고 표현합니다. 부모는 다른 재료들도 아이가 체험할 수 있도록 충분한 시간을 줍니다.
4. 먹는 단계 : 이제 아이는 앞에서 탐색한 방울토마토를 입안에 넣어 보고 미각을 자극해 맛과 풍미를 느껴 봅니다. 또한, 씹었을 때 들리는 소리를 귀로 들어 봅니다. 다른 준비된 재료도 하나씩 맛을 보고 아이가 가장 좋아하는 채소 및 과일은 무엇인지 알아봅니다.
5. 먹은 후 단계 : 이 활동이 끝나면 아이에게 오감을 통해 음식을 맛보는 과정에서 자연스럽게 느껴진 감정을 이야기해 보게 합니다. 음식을 맛볼 때 오감이 자극되면, 감각기관이 사용되면서 음식을 더 맛있게 먹을 수 있다는 것도 알려 줍니다.

【요거트에 빠진 과일 농장 만들기】

1. 오감 놀이에 활용한 재료를 먹기 좋은 한 입 크기로 썰어 줍니다.
2. 소스 볼에 떠먹는 요거트와 과일청, 레몬즙, 소금을 혼합하여 드레싱을 만듭니다.
3. 접시에 과일을 담고 드레싱을 뿌려 완성합니다.

◎주의해 주세요

오감을 충분히 자극할 수 있는 다양한 색감, 촉감, 형태, 맛을 가진 신선한 재료를 준비합니다. 조리 도구는 아이 눈높이에 맞는 안전한 도구를 사용합니다.

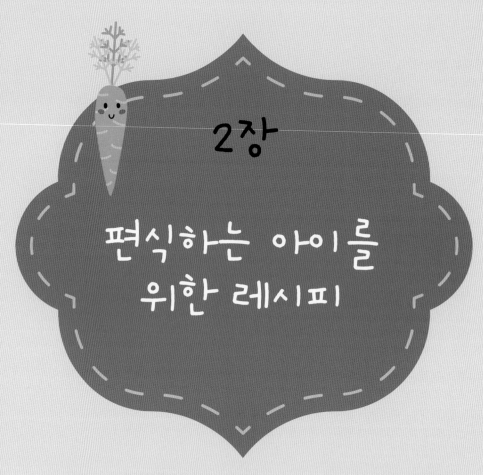

2장

편식하는 아이를 위한 레시피

만 1~3세는 아이의 자아가 발달하는 시기로 점차 음식에 대한 호불호가 나타나기 시작합니다. 고집이 생겨 음식을 골고루 먹지 않거나 같은 것만 먹는 일이 잦아지고, 밥상의 분위기나 음식을 담은 식기 등에 따라 아이의 기분도 달라집니다. 만약, 아이가 음식을 지나치게 가린다면, 아이의 성장에 꼭 필요한 영양분을 섭취할 수 있는 적합한 형태의 음식이나 조리법을 활용해야 합니다. 또한, 아이가 좋아하는 놀이 활동에 음식 재료를 활용하여 최대한 다양한 음식을 반복해서 접하고 경험하게 함으로써 편식을 극복할 수 있게 도와줍니다.

허니아보카도덮밥
토마토김치무침

밥만 먹으려 하는 아이들에게는 밥을 통해 충분한 영양을 확보하고 조금씩 다른 음식에도 관심을 가질 수 있게 유도해야 합니다. 밥을 색다르고 특별하게 먹을 수 있는 허니아보카도덮밥과 함께 김치볶음에 토마토를 넣어 맵고 짠맛을 줄인 건강한 반찬을 곁들여 맛있는 한 끼 식사를 준비합니다.

아이와 함께하는 미각 교육

제철 과일

고구마가지된장국(30p)

허니아보카도덮밥

토마토김치무침

다섯 가지 색이 골고루 들어간 허니아보카도덮밥과 토마토김치무침 그리고 고구마가지된장국은 알록달록 예쁜 색을 가진 요리들입니다. 이 중에 아이가 가장 좋아하는 색깔의 재료를 고르며 다양한 이야기를 이끌어 봅니다. 좋아하는 색깔 순서대로 재료의 이름을 알아보면서 맛을 보아도 좋습니다.

허니아보카도덮밥 미각 교육

1단계 관찰하기

어떤 색깔의 음식이 보이니?

내가 좋아하는 김은 검은색, 달걀은 노란색이에요. 그리고 초록색도 보여요.

2단계 냄새 맡고 만져 보기

초록색은 몸을 건강하게 해 주는 아보카도라는 과일이야.

어떤 맛일지 궁금해요.

3단계 맛보기

이 모든 재료를 잘 섞어 비빔밥으로 먹어 볼까?

다 섞어 먹으니 훨씬 맛있어요!

토마토김치무침 미각 교육

1단계 관찰하기

방울토마토 옆에 있는 것은 뭘까?

김치 같은데 색깔이 흐려요.

김치를 맵고 짜지 않게 물에 씻어서 볶은 거란다.

2단계 냄새 맡고 만져 보기

이 요리의 냄새는 어떠니?

매운 냄새가 날 줄 알았는데 아니네요?

3단계 맛보기

씻은 김치를 토마토와 함께 먹어 볼래?

안 매워요! 새콤달콤해서 정말 맛있어요!

허니아보카도덮밥

재료

아보카도 50g, 허니버터간장밥 200g(2컵),
구운 김 1/4장, 달걀 1개,
현미유 1작은술, 소금 약간

만드는 법

1. 아보카도는 먹기 좋은 크기로 썰고 김은 비닐봉지에 넣어 잘게 부순다.
2. 달걀은 알끈을 제거하고 잘 푼다.
3. 팬에 현미유를 두르고 2의 달걀을 넣어 스크램블한 후, 소금으로 간한다.
4. 그릇에 허니버터간장밥을 담고 달걀 스크램블과 썰어 둔 아보카도를 얹고 김 가루를 뿌린다.

달걀 대신 양질의 단백질을 보충할 수 있는
두부소보로(두부를 으깨서 볶은 것)를
넣어도 좋아요.

토마토김치무침

재료

방울토마토 4개, 배추김치 50g,
유자청 1/2큰술, 참기름 · 깨소금 약간씩

만드는 법

1. 배추김치는 속을 털고 물에 헹군다.
2. 1의 배추김치는 채 썰고, 토마토는 크기에
   따라 먹기 좋게 등분한다.
3. 볼에 2의 재료를 담고 유자청과 참기름, 깨
   소금을 넣고 버무린다.

토마토와 김치를 무칠 때 각종 과일청을
사용하면 김치의 맵고 짠맛을 줄이고
감칠맛을 살릴 수 있어요.

비빔두부밥
메추리알된장샐러드

밥만 먹는 아이들은 낯선 식감의 다른 반찬들을 잘 받아들이지 못하는 경우가 많습니다. 이럴 때는 밥을 활용한 다양한 레시피를 통해 새로운 음식을 자연스럽게 접하게 하는 게 좋습니다. 양질의 식물단백질을 함유한 두부를 볶아 만든 비빔두부밥에 메추리알을 넣어 된장으로 버무린 샐러드를 곁들여 맛과 건강을 모두 챙겼습니다.

아이와 함께하는 미각 교육

제철 과일

쇠고기김뭇국(28p)

비빔두부밥

메추리알된장샐러드

고슬고슬 볶은 비빔두부밥은 냄새만으로도 우리 아이의 후각을 충분히 자극하며 먹고 싶은 욕구가 샘솟는 요리입니다. 메추리알된장샐러드 속의 앙증맞은 메추리알을 아직 젓가락질에 익숙하지 않은 아이와 함께 집어 먹는 놀이를 하면 더욱더 재미있는 식사 시간이 됩니다.

비빔두부밥 미각 교육

1단계 관찰하기

- 이건 무슨 밥일까?
- 밥에 뭐가 섞여 있어요.

2단계 냄새 맡고 만져 보기

- 이 밥에서는 어떤 냄새가 날까?
- 고소한 냄새가 나고 따뜻해요.

3단계 맛보기

- 밥과 두부를 섞어 먹으면 어떤 맛이 날까?
- 그냥 밥보다 훨씬 더 고소해요.

메추리알된장샐러드 미각 교육

1단계 관찰하기

- 여러 가지 색깔이 다 모여 있네?
- 빨강, 노랑, 초록, 하얀색이 보여요.

2단계 냄새 맡고 만져 보기

- 제일 맛있어 보이는 재료를 한번 만져 볼래?
- 귀여운 메추리알을 만져 보았더니 부드럽고 촉촉해요.

3단계 맛보기

- 사각사각 양상추와 물컹물컹 메추리알을 함께 먹으면 맛이 어떨까?
- 입안에서 사각, 물컹거리면서 더욱 맛있어져요!

비빔두부밥

재료

두부(부침용) 200g, 밥 200g(2컵), 순한간장
1작은술, 현미유 · 참기름 · 깨소금 1작은술씩

만드는 법

1. 두부는 면포에 꼭 짜서 물기를 제거하고 손
   으로 눌러 으깬다.
2. 팬에 현미유를 두르고 1의 으깬 두부를 노릇
   하게 볶는다.
3. 2에 순한간장과 밥을 넣고 잘 섞는다.
4. 3의 두부밥에 참기름과 깨소금을 넣어 비빈다.

비빔두부밥에 달걀 스크램블을 함께 볶아
영양을 보충해도 좋아요.

메추리알 된장샐러드

재료

메추리알 12개, 방울토마토 4개,
양상추 1장, 순한된장드레싱 1/4컵

만드는 법

1. 메추리알은 물에 넣고 7분간 삶아 껍질을 벗긴 후 한 입 크기로 등분한다.
2. 양상추는 짧게 채 썰고 방울토마토는 크기에 따라 등분한다.
3. 그릇에 양상추와 방울토마토, 메추리알을 담고 순한된장드레싱을 곁들인다.

메추리알 대신 각종 과일과 채소를 곁들여 샐러드로 먹어도 좋아요. 또는, 메추리알 대신 달걀을 삶아 포크로 으깨어 사용해도 돼요.

미숫가루떡수프
옥수수단호박전

우유만 먹는 아이들을 위해 우유의 맛과 색은 그대로 유지하되 속 재료로 떡과 미숫가루를 사용해 영양과 맛을 보충했습니다. 영양 간식으로도 손색없는 미숫가루떡수프와 함께 단호박과 옥수수로 만든 전을 곁들여 우유만 찾는 아이의 부족한 영양분을 보충합니다.

아이와 함께하는 미각 교육

미숫가루떡수프   옥수수단호박전

순백색의 우유 안에 동글납작하게 썰어 넣은 떡으로 수프를 만들었습니다. 우유 속에 무엇이 들었는지 함께 찾아 보는 놀이를 통해 떡에 호기심을 느낄 수 있게 이끌어 줍니다. 톡톡 씹히는 알갱이가 매력적인 옥수수단호박전을 함께 맛보며 옥수수 알갱이를 만져 보고 씹어도 보며 재미있게 탐색해 봅니다.

미숫가루떡수프 미각 교육

1단계 관찰하기
- 이 요리를 보고 생각나는 것을 말해 볼래?
- 우유 같기도 하고 수프 같기도 해요.

2단계 냄새 맡고 만져 보기
- 우유 냄새가 나는지 한번 맡아 봐.
- 고소한 우유 냄새가 나는데 다른 냄새도 함께 나요.

3단계 맛보기
- 우유 안에 쫄깃쫄깃한 떡과 고소한 미숫가루를 넣었단다.
- 우와, 우유가 더 맛있어졌어요!

옥수수단호박전 미각 교육

1단계 관찰하기
- 옥수수 알갱이는 동글동글 귀엽게 생겼네.
- 옥수수 알갱이를 보면 노란 병아리가 생각나요.

2단계 냄새 맡고 만져 보기
- 옥수수 알갱이 하나를 손으로 잡고 꼭 눌러 볼까?
- 톡하고 터지면서 부드러운 살이 나왔어요!

3단계 맛보기
- 단호박은 그냥 호박과 맛이 어떻게 다를까?
- 단호박이 훨씬 달콤한 맛이 나요.

미숫가루떡수프

재료
떡볶이 떡 100g(8개), 우유 2컵, 미숫가루
2큰술, 견과류 가루 1큰술

만드는 법

1. 떡볶이 떡은 물에 담갔다가 건져 먹기 좋게
   한 입 크기로 썬다.
2. 냄비에 미숫가루를 넣고 우유를 조금만 부
   어 거품기로 잘 푼다.
3. 2에 나머지 분량의 우유를 넣고 끓이다가 한
   소끔 끓으면 떡을 넣고 익힌다.
4. 떡이 충분히 익으면 견과류 가루를 넣고 잘
   섞는다.

견과류를 곱게 가루로 내어 넣거나 시리얼
또는 그래놀라 등을 넣어도 좋아요.

옥수수단호박전

재료

단호박 60g, 찐 옥수수 알갱이 1/4컵,
우유 2큰술, 달걀물 2큰술, 우리통밀가루 1/4컵,
카레 가루 1/2작은술, 현미유 1작은술

만드는 법

1. 단호박은 강판에 갈고 찐 옥수수는 알을 모
   두 떼어서 준비한다.
2. 볼에 모든 재료를 넣고 잘 섞는다.
3. 팬에 현미유를 두르고 2의 섞은 재료를 한
   스푼씩 떠 넣어 지진다.

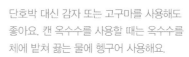

단호박 대신 감자 또는 고구마를 사용해도
좋아요. 캔 옥수수를 사용할 때는 옥수수를
체에 밭쳐 끓는 물에 헹구어 사용해요.

우유떡국
가지돼지불고기

우유만 먹는 아이들을 위해 채소와 버섯으로 영양을 보충한 우유 소스로 만든 떡국으로 부족한
영양소를 채워 줍니다. 아이들 모두 좋아하는 돼지불고기에 가지와 파프리카를 넣어 성장기에 꼭
필요한 미량영양소를 채운 맛있는 반찬과 된장 채소국으로 알찬 식단을 완성합니다.

아이와 함께하는 미각 교육

제철 과일

된장채소국(28p)

우유떡국

가지돼지불고기

하얀 우유 소스에 동글동글 귀여운 모양의 떡과 사각거리는 채소가 들어간 우유떡국으로 우리 아이의 오감을 자극해 봅니다. 여기에 다양한 색깔의 채소를 골고루 넣은 돼지불고기는 아이의 시각과 미각을 한 번에 사로잡습니다.

우유떡국 미각 교육

1단계 관찰하기

👧 이 요리는 무엇으로 만들었을까?

😊 우유 같기도 하고 치즈 같기도 해요.

2단계 냄새 맡고 만져 보기

👧 떡을 손으로 한번 눌러 볼래?

😊 물컹물컹거려요. 재미있어요.

3단계 맛보기

👧 우유와 떡이 만나면 어떤 맛일까?

😊 마치 우유 떡볶이 같아요. 맛있어요!

가지돼지불고기 미각 교육

1단계 관찰하기

👧 노란색과 보라색 재료를 찾아 볼래?

😊 노란색은 파프리카 같고, 보라색은 가지 같아요.

2단계 냄새 맡고 만져 보기

👧 이 요리에서는 어떤 냄새가 나니?

😊 맛있는 불고기 요리 냄새가 나요.

3단계 맛보기

👧 가지는 씹는 느낌이 조금 특이하단다. 한번 먹어 볼래?

😊 가지를 씹으니 조금 물컹하지만 부드럽고 맛이 좋아요.

우유떡국

재료
떡국 떡 120g, 당근 30g, 양송이버섯 1개,
애호박 30g, 황파프리카 20g, 아기치즈 1장,
닭고기육수 1컵, 우유 1/4컵

만드는 법

1. 모든 채소와 버섯, 떡은 먹기 좋은 한 입 크기로 썰고 치즈는 4등분한다.
2. 냄비에 닭고기육수를 붓고 끓이다가 끓어오르면 1의 채소와 버섯을 넣고 끓인다.
3. 채소가 다 익으면 우유와 떡을 넣어 끓인다.
4. 떡이 다 익으면 아기치즈를 넣고 잘 젓는다.

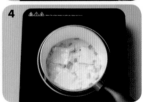

냉동실에 늘 있는 재료를 활용해 만들어도
좋아요. 혹시 아이가 채소를 좋아하지
않는다면 과일을 넣어 만들어 보세요.

가지돼지불고기

재료
돼지고기(불고기감) 60g, 가지 30g,
황파프리카 20g, 현미유 1작은술,
참기름 · 깨소금 1/2작은술씩
고기 양념 순한간장 1/2작은술, 청주 1작은술,
다진 마늘 약간(생략 가능), 후추 약간

만드는 법

1. 가지는 필러로 껍질을 듬성듬성 벗겨서 채 썰고, 황파프리카도 채 썬다.

2. 볼에 물을 붓고 1의 가지를 10분간 담근 후 꺼내 물기를 제거해 부드럽게 한다.

3. 돼지고기는 먹기 좋은 크기로 등분한 후 고기 양념으로 밑간한다.

4. 팬에 현미유를 두르고 가지를 볶다가 돼지고기, 황파프리카 순으로 넣어 볶는다. 재료가 모두 익으면 참기름과 깨소금을 넣는다.

돼지고기 대신 쇠고기나 닭고기를 사용해도 좋아요. 아이가 먹을 수 있는 크기로 재료를 알맞게 손질하여 만들어 주세요.

밥새우감자스크램블
애호박참치찬

아이 반찬으로 친숙한 감자볶음에 밥새우를 넣어 맛과 영양을 보충한 밥새우감자스크램블과 캔 참치를 넣어 볶은 애호박참치찬은 아이들이 좋아하는 영양 반찬입니다. 만들기도 쉽고 간단히 밥 위에 얹어 덮밥으로도 즐길 수 있어 활용도가 높은 요리입니다.

아이와 함께하는 미각 교육

당근밥(26p)

토마토채소수프(30p)

밥새우감자스크램블

애호박참치찬

먼저 네모 모양, 은행잎 모양, 길쭉한 스틱 모양으로 썬 다양한 재료의 모양을 살펴봅니다. 애호박참치찬을 맛보며 아주 작은 새우인 밥새우를 자세히 관찰해 보게 합니다. 그리고 새우에도 여러 종류가 있고, 맛도 각기 다르다는 것을 알려 줍니다.

밥새우감자스크램블 미각 교육

1단계 관찰하기
- (밥새우를 가리키며) 이게 뭔지 아니?
- 새우 같이 생겼는데 엄청 작아요.

2단계 냄새 맡고 만져 보기
- 이건 밥새우라고 하는데 일반 새우보다 더 고소한 맛이 난단다.
- 냄새도 고소하네요. 얼굴이 삐죽하게 생겼어요.

3단계 맛보기
- 감자와 달걀에 밥새우를 넣어 먹으면 어떤 맛이 날까?
- 감자와 달걀이 더 맛있게 느껴져요.

애호박참치찬 미각 교육

1단계 관찰하기
- 애호박은 무슨 색일까?
- 겉껍질은 초록색인데 속은 노란색이에요.

2단계 냄새 맡고 만져 보기
- 애호박은 요리하기 전에는 딱딱해. 하지만 요리한 후의 애호박을 만져 볼래?
- 요리한 애호박은 훨씬 물컹해요.

3단계 맛보기
- 애호박은 볶으면 단맛이 더 생겨.
- 부드러운 애호박은 참치와 같이 먹기가 좋아요.

밥새우
감자스크램블

재료

감자 50g, 밥새우 1작은술, 달걀 1개,
현미유 1작은술, 참기름 · 깨소금 1/2작은술씩

만드는 법

1. 감자는 은행잎 모양으로 납작하게 썰고 달
   걀은 알끈을 제거한 후 풀어 놓는다.
2. 밥새우는 체에 밭쳐서 물에 씻고 키친타올
   로 물기를 제거한다.
3. 기름을 두르지 않은 팬에 밥새우를 볶다가
   현미유를 넣고 1의 감자를 넣어 볶는다.
4. 3의 팬에 풀어 놓은 달걀을 넣어 스크램블을
   한 후 참기름과 깨소금을 넣는다.

밥 위에 밥새우감자스크램블을 얹어서
덮밥으로 즐겨도 좋아요.

애호박참치찬

재료

애호박 40g, 캔 참치 30g, 견과류 가루 1큰술,
현미유 1작은술, 참기름 · 깨소금 1/2작은술씩

만드는 법

1. 애호박은 납작하게 은행 모양으로 썰고 캔
   참치는 체에 밭쳐 기름을 제거한다.
2. 팬에 현미유를 두르고 애호박을 볶아서 익
   힌 후 캔 참치를 넣고 볶는다.
3. 2에 견과류 가루와 참기름, 깨소금을 넣고
   잘 섞는다.

양파를 넣으면 단맛을 낼 수 있으며, 캔 참치
대신 캔 연어를 사용해도 좋아요. 단, 캔
제품을 사용할 때는 기름기를 체에 밭쳐
제거해 주세요.

연어연근조림
시금치미숫가루무침

성장기 어린이들의 두뇌 발달에 좋은 연어를 연근과 함께 조려 색다른 맛을 냈습니다. 또한, 튼튼한 뽀빠이를 떠올리게 하는 시금치를 고소하게 무쳐 낸 시금치미숫가루무침은 아이의 두뇌와 신체 발달을 돕는 건강한 식단입니다.

아이와 함께하는 미각 교육

잡곡밥(27p)

쇠고기김뭇국(28p)

연어연근조림

시금치미숫가루무침

화려한 색에 무늬가 있는 연어와 구멍이 송송 뚫려 있는 연근은 이야깃거리가 풍부한 재료들입니다. 재밌는 모양의 재료들을 관찰한 후 아이의 눈, 귀, 코, 혀(입), 손을 모두 사용해 맛을 보게 한다면 더욱 풍부하게 음식의 맛을 느낄 수 있습니다.

연어연근조림 미각 교육

1단계 관찰하기

분홍색 생선이 맛있게 보이네?

연어는 왜 살이 분홍색일까요?

2단계 냄새 맡고 만져 보기

연근에 난 구멍의 크기가 모두 다르네? 한번 만져 볼래?

연근 구멍에 새끼손가락이 들어가요!

3단계 맛보기

연근은 땅속에서 자라는 뿌리채소야.
뿌리처럼 단단하고 아삭하지.

연근을 씹으니 사각사각 소리가 들려요.

시금치미숫가루무침 미각 교육

1단계 관찰하기

시금치를 보면 뭐가 생각나니?

튼튼해지는 음식이요!

2단계 냄새 맡고 만져 보기

시금치와 당근을 손으로 만져 볼래?

시금치는 부들부들하고 당근은 딱딱해요.

3단계 맛보기

여기에 고소한 미숫가루를 뿌려 먹으면 어떤 맛일까?

미숫가루 때문에 시금치와 당근이 모두 고소한 맛으로 바뀌었어요!

연어연근조림

재료

연어 50g, 연근 50g, 멸치다시마육수 1/2컵 ,
순한어간장 1작은술,
유기쌀 조청 · 참기름 · 깨소금 1/2작은술씩,
식초 약간

만드는 법

1. 연근은 반을 갈라 납작하게 썰고 연어는 한
   입 크기로 썬다.
2. 냄비에 물과 식초를 넣고 끓인다. 물이 끓으
   면 연근을 넣고 5분간 데친 후 찬물에 헹군
   다.
3. 멸치다시마육수를 냄비에 붓고 끓으면 연근
   과 순한어간장, 유기쌀 조청을 넣고 중불에
   서 5~7분간 조린다.
4. 연근이 잘 익으면 연어를 넣어 익힌 후 참기
   름과 깨소금을 넣는다.

연어 대신 삼치 살을 사용해도 좋아요.
다만 등푸른 생선을 사용할 때는 청주나
레몬즙 등으로 밑간을 해 주면 비린내를
잡는 데 도움이 된답니다.

시금치미숫가루무침

재료
시금치 20g, 당근 10g, 미숫가루 1큰술,
현미유 · 참기름 · 깨소금 1/2작은술씩,
소금 약간

만드는 법

1. 시금치는 손질하여 끓는 물에 소금을 넣어 데친 후 찬물에 헹궈 물기를 꼭 짠다.
2. 1의 데친 시금치와 당근은 먹기 좋은 길이로 썬다.
3. 팬에 현미유를 두르고 당근을 볶다가 시금치를 넣어 볶는다.
4. 3에 미숫가루, 참기름과 깨소금을 넣고 잘 버무린다.

당근은 기름에 볶지 않고 시금치를 데칠 때 함께 데쳐서 사용해도 좋아요. 당근의 지용성비타민은 기름과 함께 섭취할 때 흡수가 좋아져요.

채소삼계탕
고구마멸치볶음

아이들이 먹기 쉽게 부드러운 닭 다리 살을 발라 만든 삼계탕에 각종 채소를 넣어 한 끼 보양식을 만들었습니다. 곁들임 반찬으로는 아이들이 좋아하는 고구마를 멸치와 함께 볶아 멸치의 짠맛을 달콤한 고구마로 보완한 고구마멸치볶음을 추천합니다.

아이와 함께하는 미각 교육

채소삼계탕

고구마멸치볶음

알록달록 네모난 채소와 버섯이 촉촉하고 진한 닭 국물에 어우러진 채소삼계탕을 먹기 전에 색과 모양을 관찰해 봅니다. 고구마멸치볶음은 작고 귀여운 멸치를 젓가락으로 집어 먹는 연습을 하기에 좋답니다.

채소삼계탕 미각 교육

1단계 관찰하기

 한 그릇 안에 많은 재료가 보이네?

당근도 있고 버섯도 있고 닭고기도 있어요.

2단계 냄새 맡고 만져 보기

삼계탕에는 죽이 들어 있어. 죽은 밥보다 묽고 부드러워.

고소한 냄새가 나요. 죽은 몸이 안 좋을 때 많이 먹어요.

3단계 맛보기

이 음식은 잘 씹히고 부드럽게 삼킬 수 있어.

닭고기가 있어도 질기지 않아요. 잘 씹혀요.

고구마멸치볶음 미각 교육

1단계 관찰하기

멸치는 어디에서 사는지 아니?

물고기니까 물에서 살아요!

맞아, 멸치는 가장 큰 물인 바다에서 산단다.

2단계 냄새 맡고 만져 보기

멸치에서 바다 냄새가 나는지 맡아 볼까?

바다처럼 짠 냄새가 나는 것 같아요.

3단계 맛보기

고구마와 양파의 단맛이 멸치의 짠맛을 줄여 준단다.

자꾸만 먹고 싶어지는 반찬이에요!

채소 삼계탕

재료
삶은 닭고기(다리 살) 160g, 밥 100g(1컵),
당근 30g, 양파 30g, 아스파라거스 1개,
양송이버섯 1개, 닭고기육수 2컵,
참기름 · 깨소금 1/2작은술씩

만드는 법

1. 채소와 버섯은 잘게 썰고, 삶은 닭 다리 살은
   손으로 찢는다.
2. 냄비에 닭고기육수를 붓고 끓이다가 1의 채
   소와 버섯을 넣어 익힌다.
3. 2의 재료가 어느 정도 익으면 밥을 넣고 한
   소끔 더 끓인다.
4. 3에 1의 닭 다리 살과 참기름, 깨소금을 넣고
   푹 끓인다.

닭고기육수를 끓일 때 사용한 닭 다리 살을
발라서 재료로 사용하면 편리해요.

고구마멸치볶음

재료

고구마 60g, 양파 30g, 지리멸치 10g,
현미유 1작은술, 참기름 · 깨소금 1/2작은술씩

만드는 법

1. 고구마와 양파는 채 썰고 지리멸치는 깨끗
   이 비벼 씻은 후 물에 30분간 담근다.

2. 1의 지리멸치는 키친타월로 수분을 제거하
   고 마른 팬에 볶은 후 따로 덜어 놓는다.

3. 2의 팬에 현미유를 두르고 고구마와 양파를
   넣어 볶는다.

4. 3에 볶아둔 멸치를 넣고 참기름과 깨소금을
   넣는다.

고구마멸치볶음에 견과류 가루를 넣으면
훨씬 고소해져요.

카레채소국
배오이무침

국만 먹으려는 아이에게는 영양이 풍부한 국을 곁들이는 식단을 만들어 주는 것이 좋습니다. 각종 채소를 넣어서 영양을 보충한 카레채소국, 배와 오이를 매실청에 무친 시원한 배오이무침을 곁들여 우리 아이 한 끼를 건강하게 차렸습니다.

아이와 함께하는 미각 교육

제철 과일

우유밥(26p)

카레채소국

배오이무침

노란색 빛깔의 카레 가루를 물에 풀어 아이들과 함께 요리 재료로 미술 활동을 해 봅니다. 카레 푼 물에 손을 담 갔다가 도화지에 손 도장 찍기 놀이를 하거나, 다양한 과일이나 채소를 썰어서 찍기 놀이를 하면 아이들은 자연 스럽게 음식 재료들과 친숙해집니다.

카레채소국 미각 교육

1단계 관찰하기

> 카레는 무슨 색일까?

> 노란색이요. 손에 물들면 잘 안 지워져요.

2단계 냄새 맡고 만져 보기

> 카레는 여러 가지 맛과 향을 지닌 가루들을 섞어서 만든 거란다.

> 매운 맛이 나는 것 같기도 해요!

3단계 맛보기

> 카레가 국으로 변신했는데 어떤 맛일까?

> 국 안에 채소와 고기가 같이 있으니 더 맛있어요!

배오이무침 미각 교육

1단계 관찰하기

> 초록색과 흰색 재료는 무엇일까?

> 초록색은 오이 같아요. 흰색은 잘 모르겠어요.

2단계 냄새 맡고 만져 보기

> 흰색 재료를 집어서 냄새를 맡아 보고 만져 봐.

> 달콤한 향이 나네, 배인가?

3단계 맛보기

> 맞았어. 배를 오이랑 같이 먹으면 무슨 맛이 날까?

> 아삭하고 달콤해요.

카레채소국

재료

돼지고기(불고기감) 50g, 당근 20g, 양파 30g,
감자 30g, 브로콜리 20g, 카레 가루 1작은술,
다시마채소육수 2컵, 현미유 1/2큰술
고기 양념 순한간장 1/2작은술, 청주 1작은술,
후추 약간

만드는 법

1. 채소는 먹기 좋은 크기로 썰고 카레 가루는
   다시마채소육수 2큰술을 넣고 잘 풀어 놓는
   다.
2. 돼지고기는 한 입 크기로 손질한 후 고기 양
   념으로 밑간한다.
3. 냄비에 현미유를 두르고 양파를 먼저 볶다
   가 1의 나머지 채소, 고기 순으로 볶는다.
4. 3에 다시마채소육수와 1의 풀어 놓은 카레를
   붓고 10분간 끓인다.

카레채소국에 스파게티 면이나 우동 면을
넣으면 색다른 한 끼로 즐길 수 있어요. 카레
가루는 어린이용으로 나온 맵지 않은 제품을
사용하면 좋아요.

배오이무침

재료

배 50g, 오이 50g, 매실청 2작은술,
소금 · 깨소금 약간씩

만드는 법

1. 배는 채 썰고 오이는 반달 모양으로 썬다.
2. 오이는 소금에 5분간 절인 후 면포에 싸서
   물기를 꼭 짠다.
3. 볼에 배와 오이를 담고 매실청을 넣어 잘 버
   무리다가 깨소금을 뿌린다.

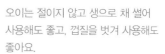
오이는 절이지 않고 생으로 채 썰어
사용해도 좋고, 껍질을 벗겨 사용해도
좋아요.

고구마파인애플조림
마카로니과일샐러드

음식 재료 본연의 단맛만으로도 아이들이 좋아하는 단맛을 낼 수 있습니다. 고구마와 파인애플을 오렌지주스와 함께 조려서 더욱더 새콤하고 달콤하게 만든 고구마파인애플조림입니다. 한 끼 건강식으로 좋은 마카로니과일샐러드와 함께 건강한 단맛으로 이루어진 식단입니다.

아이와 함께하는 미각 교육

제철 과일

토마토채소수프(30p)

고구마파인애플조림

마카로니과일샐러드

노란빛의 고구마와 파인애플에 검은 건포도를 뿌린 고구마파인애플조림을 맛보며 '고구마 마을에 파인애플이 놀러 왔는데 건포도 눈이 내렸대.' 등 아이들이 좋아할 만한 다양한 이야기를 만들어 봅니다. 위아래로 구멍이 송송 뚫린 재미난 모양의 마카로니를 입으로 불어도 보고, 맛도 보며 탐색해 봅니다.

고구마파인애플조림 미각 교육

1단계 관찰하기

😊 노란 고구마와 파인애플 위에 검정 건포도를 올렸더니 잘 어울리네?

🙂 건포도는 짙은 보라색 같기도 하고 검은색 같기도 해요.

2단계 냄새 맡고 만져 보기

😊 건포도를 한번 만져 볼래?

🙂 우와, 말랑말랑해요.

3단계 맛보기

😊 건포도는 포도를 말려서 만든 거야. 한번 먹어 볼래?

🙂 쫄깃한 게 젤리 같기도 하고 과일 같기도 해요. 정말 달콤해요!

마카로니과일샐러드 미각 교육

1단계 관찰하기

😊 과일샐러드 안에는 어떤 재료가 들어 있을까?

🙂 내가 좋아하는 메추리알이랑 토마토가 있어요. 구멍이 뚫린 국수도 보여요!

2단계 냄새 맡고 만져 보기

😊 마카로니에는 구멍이 뚫려 있어. 한번 만져 볼래?

🙂 마카로니를 만져 보니 말랑말랑해요.

3단계 맛보기

😊 마카로니가 들어간 과일샐러드는 맛이 어떨까?

🙂 마카로니를 씹는 느낌이 재미있어요. 정말 쫄깃해요.

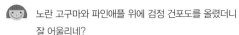

고구마
파인애플조림

재료

고구마 50g, 파인애플 40g,
오렌지주스 3/4컵, 건포도 1큰술

만드는 법

1. 고구마는 껍질을 벗겨 납작하게 은행 모양
   으로 썰고, 파인애플도 비슷한 크기로 썬다.
2. 냄비에 오렌지주스와 고구마, 파인애플을 넣
   고 고구마가 익을 때까지 바글바글 끓인다.
3. 2의 고구마가 익으면 중불로 줄인 후 건포도
   를 넣고 잘 섞는다.

오렌지주스 대신 파인애플주스를 사용해도
좋고 건포도 대신 크랜베리 등 말린 과일을
넣어도 좋아요.

마카로니
과일샐러드

재료

마카로니 30g, 메추리알 3개, 오이 30g,
사과 30g, 방울토마토 3개, 다진 땅콩 1큰술,
마요네즈 2큰술, 유자청 1작은술

만드는 법

1. 끓는 물에 마카로니를 넣고 10분간 삶은 후 건져서 식힌다.
2. 마카로니를 끓인 물에 메추리알을 5분간 익힌 후 찬물에 헹궈 껍질을 벗긴다.
3. 채소와 과일은 한 입 크기로 썰고, 메추리알은 반으로 가르고 땅콩은 잘게 다진다.
4. 볼에 모든 재료를 담고 마요네즈와 유자청, 다진 땅콩을 넣고 잘 버무린다.

마카로니 대신 파르팔레, 푸질리 등의
파스타를 사용해도 좋아요.

고구마주먹밥
감귤샐러드

다진 채소와 고기가 들어간 평범한 주먹밥에서 벗어나 아이들이 좋아하는 김과 고구마를 속 재료로
넣은 달콤한 고구마주먹밥을 만들어 보았습니다. 주먹밥과 함께 신선한 제철 감귤에 당근을 넣고
요거트로 버무려 새콤달콤한 감귤샐러드를 곁들였습니다. 평상시 간식으로 활용해도 좋고 야외로
소풍을 나갈 때 도시락으로 준비해도 좋은 메뉴입니다.

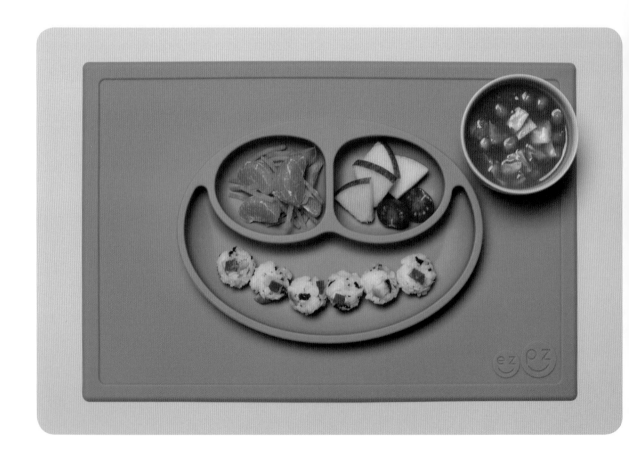

아이와 함께하는 미각 교육

제철 과일

토마토채소수프(30p)

고구마주먹밥

감귤샐러드

동글동글 한 입 크기의 주먹밥과 보기만 해도 입에 침이 고이는 상큼한 감귤샐러드는 아이의 눈, 코, 입을 즐겁게 하는 메뉴입니다. 아이와 함께 토끼 모양, 곰 모양, 세모 모양 등 다양한 모양의 주먹밥을 만들어 보며 즐거운 식사 시간을 가져 봅니다.

고구마주먹밥 미각 교육

1단계 관찰하기

동글동글 주먹밥이네? 주먹밥은 또 어떤 모양이 될 수 있을까?

공룡 모양이요, 토끼 모양이요!

2단계 냄새 맡고 만져 보기

주먹밥을 조물조물 직접 만들어 볼까?

잘 뭉쳐져서 재밌어요. 곰을 만들어 볼래요!

3단계 맛보기

곰하고 토끼하고 공룡 주먹밥은 무슨 맛이 나니?

주먹밥에서 곰맛, 토끼맛, 공룡맛이 나요!

감귤샐러드 미각 교육

1단계 관찰하기

새콤달콤하고 맛있는 귤과 당근은 무슨 색일까?

주황색이요. 둘의 색이 비슷해요.

2단계 냄새 맡고 만져 보기

새콤달콤 귤을 세게 누르면 어떻게 될까?

귤을 세게 누르니까 팍 터지면서 귤즙이 나와요.

3단계 맛보기

주먹밥과 감귤샐러드를 한 번에 먹으면 어떤 맛일까?

입안이 꽉 찼어요. 상큼한 주먹밥 맛이 나요!

고구마주먹밥

재료

고구마 40g, 밥 100g(1컵), 시금치 10g,
아기치즈 1/4장, 김 가루 1큰술, 참기름 · 깨소금
1작은술씩, 소금 약간

만드는 법

1. 고구마는 껍질째 잘게 썰고 시금치, 아기치
즈와 김은 한 입 크기로 잘게 자른다.
2. 끓는 물에 고구마를 먼저 익힌 후 건져 내고,
시금치를 살짝 데친 후 찬물에 헹궈 체에 밭
쳐 물기를 제거한다.
3. 볼에 밥을 넣고 소금, 참기름과 깨소금을 넣
어 잘 섞는다.
4. 3의 밥에 1과 2의 재료를 넣어 잘 섞은 후 먹
기 좋은 크기로 만든다.

아이의 나이가 많이 어리면 김을 곱게
가루를 내어 사용하세요.

감귤샐러드

재료

감귤 2개, 당근 10g

감귤 드레싱 요거트 2큰술, 감귤즙 1큰술,
올리브오일 1/2작은술, 소금 약간

만드는 법

1. 감귤은 알알이 떼고 당근은 곱게 채 썬다.
2. 당근은 끓는 물에 데친 후 건져서 물기를 제
   거한다.
3. 볼에 분량의 재료를 넣고 잘 섞어 감귤 드레
   싱을 만든다.
4. 볼에 1과 2의 재료를 넣고 감귤 드레싱을 넣
   어 잘 버무린다.

귤 대신 한라봉, 천혜향 등을 사용해도 좋고
요거트 대신 좋아하는 과일로 즙을 내어
드레싱을 만들어도 좋아요.

불고기롤
숙주묵무침

불고기롤은 불고기만으로는 부족할 수 있는 영양소를 밥과 각종 채소를 넣어 보충했습니다. 핑거 푸드나 간식으로도 손색없으며 밥이 들어가 포만감이 있어 피크닉 도시락에도 잘 어울리는 메뉴입니다. 밋밋한 맛의 청포묵에 아이들이 좋아하는 김과 숙주를 넣어 맛과 영양을 보충한 숙주묵무침을 곁들였습니다.

아이와 함께하는 미각 교육

제철 과일

토마토채소수프(30p)

불고기롤

숙주묵무침

우리에게 익숙한 불고기에 밥과 각종 재료를 넣어 돌돌 말은 불고기롤은 이름도 모양도 새로운 음식입니다. 롤을 함께 만들어 보는 활동을 통해 아이들은 익숙한 재료로도 새로운 요리를 만들 수 있다는 걸 알게 됩니다. 부드러운 식감의 묵을 처음 접하는 아이들도 친근하게 느낄 수 있도록 다양한 미각 교육 활동을 해 봅니다.

불고기롤 미각 교육

1단계 관찰하기
- 불고기가 밥을 품고 있네?
- 불고기로 만든 김밥 같아요!

2단계 냄새 맡고 만져 보기
- 불고기 위에 볶음밥을 얹고 돌돌 말아서 만든 거야.
- 나도 돌돌 말아 볼래요! 재밌어요!

3단계 맛보기
- 불고기에 싸서 먹으니 김치도 아주 맛있지?
- 불고기롤 안에 들어 있는 김치는 안 맵고 맛있어요.

숙주묵무침 미각 교육

1단계 관찰하기
- 콩나물과 숙주의 다른 점을 찾아 볼래?
- 콩나물보다 머리가 조금 더 얇은 것 같아요.

2단계 냄새 맡고 만져 보기
- 부들부들 하얗고 투명한 청포묵은 어떤 냄새가 날까?
- 청포묵에서는 아무 냄새가 안 나요. 물컹해서 잘 집히지 않아요.

3단계 맛보기
- 청포묵은 그냥 먹으면 아무런 맛이 없지만 이렇게 요리하면 맛있어진단다.
- 숙주는 사각거리고, 청포묵은 부드러워요.

불고기롤

재료

쇠고기(홍두깨살) 90g, 밥 100g(1컵), 김치 40g,
양파 30g, 당근 20g, 애호박 20g, 현미유 1큰술
불고기 양념 순한간장 1작은술,
참기름 · 깨소금 1/2작은술씩, 다진 마늘 · 후추
약간씩

만드는 법

1. 쇠고기는 키친타올로 핏물을 제거한 후 분
   량대로 섞은 불고기 양념에 재운다.
2. 팬에 현미유를 두르고 잘게 썬 김치, 양파,
   당근, 애호박을 볶다가 밥을 넣고 소금 간하
   여 볶음밥을 만든다.
3. 1의 양념한 고기 위에 2의 밥을 얹고 돌돌
   만다.
4. 팬에 현미유를 두르고 3의 불고기롤의 겹쳐
   지는 부위를 밑으로 놓고 굴려 가며 노릇하
   게 굽는다.

불고기 양념은 순한간장으로 대체해서
사용하면 간편하게 고기 밑간을 할 수
있어요.

숙주묵무침

재료

청포묵 70g, 숙주 50g, 구운 김 1/4장,
들기름 · 깨소금 1작은술씩

만드는 법

1. 숙주는 꼬리를 떼고 청포묵은 채 썬다. 김은
   잘게 부수어 준비한다.
2. 끓는 물에 숙주를 데친 후 물기를 제거한다.
3. 볼에 모든 재료를 넣고 들기름과 깨소금을
   넣고 무친다.

숙주묵무침에 오이를 넣어 사각거리는
식감을 더하거나 달걀지단을 채 썰어 넣어
영양을 보충해도 좋아요.

불고기컵밥
양배추밥새우볶음

남녀노소 모두 좋아하는 불고기에 각종 채소와 순한케첩을 곁들여 만든 불고기컵밥은 야외에서는 간편하게 컵에 담아 컵밥으로 활용해도 좋은 영양식입니다. 양배추는 식이섬유가 풍부해 육류 반찬과 잘 어울리며 밥새우가 들어가 감칠맛을 더해 줍니다. 특히 단백질, 칼슘, 칼륨이 풍부해 아이들의 성장 발육을 돕습니다.

아이와 함께하는 미각 교육

제철 과일

된장채소국(28p)

불고기컵밥

양배추밥새우볶음

초록색 싱그러운 채소들 위에 불고기를 올리고 순한케첩을 얹어 맛있는 컵밥을 완성했습니다. 아이들은 요리를 어떤 그릇에 담느냐에 따라 느낌이 새로워지는 것을 알게 됩니다. 밥새우에 양배추 채를 곁들인 밥새우양배추볶음을 먹으며 볶기 전 생 양배추의 맛과 볶은 후 양배추의 맛을 비교해 봅니다.

불고기컵밥 미각 교육

1단계 관찰하기

😊 불고기컵밥을 보면 뭐가 떠오르니?

🙂 초록색과 고기색(갈색), 붉은 케첩이 정말 예쁘게 꾸며져 있어요. 마치 꽃밭 같아요!

2단계 냄새 맡고 만져 보기

😊 컵밥을 그릇에도 담아보고 컵에도 담아 볼까?

🙂 컵에 담으니 더 예뻐요. 마치 도시락 같아요.

3단계 맛보기

😊 붉은 케첩과 컵밥을 섞어 먹으면 어떤 맛이 날까?

🙂 그냥 먹는 것보다 더 새콤달콤한 맛이 나요!

양배추밥새우볶음 미각 교육

1단계 관찰하기

😊 밥새우는 정말 작구나!

🙂 아기 새우 같아요.

2단계 냄새 맡고 만져 보기

😊 요리하기 전 양배추와 요리한 후의 양배추를 만져 볼래?

🙂 요리한 양배추가 훨씬 부드러워요.

3단계 맛보기

😊 요리하기 전 양배추와 요리한 양배추는 맛도 다르단다.

🙂 요리한 양배추가 훨씬 부드럽고 달콤해요.

불고기컵밥

재료

쇠고기(불고기감) 80g, 밥 200g(2컵), 양파 20g,
당근 15g, 애느타리버섯 20g, 양상추 20g,
베이비채소 1/2컵, 방울토마토 4개, 순한케첩
1/4컵, 참기름 · 깨소금 1작은술씩

불고기 양념 순한간장 1작은술, 참기름 1작은술,
깨소금 1/2작은술, 다진 마늘 · 후추 약간씩

만드는 법

1. 양파, 당근, 양상추는 채 썰고 애느타리버섯
   은 길이를 반으로 자른 후 손으로 찢는다. 방
   울토마토는 크기에 따라 등분하고 쇠고기는
   한 입 크기로 썬다.
2. 볼에 1의 양파, 당근, 버섯과 쇠고기를 넣고
   분량의 불고기 양념으로 버무린다.
3. 팬을 충분히 달군 후 강불에서 2의 불고기를
   볶은 다음 참기름과 깨소금을 뿌린다.
4. 컵에 밥, 채소, 불고기, 방울토마토와 베이비
   채소 순으로 담고 순한케첩을 뿌린다.

순한케첩에 약간의 고추장을 넣어 매콤한
맛을 가미하면 어른도 맛있게 먹을 수
있어요.

양배추밥새우볶음

재료

양배추 50g, 밥새우 1큰술, 순한간장 1/2작은술,
현미유 · 참기름 1작은술씩, 깨소금 1/2작은술

만드는 법

1. 양배추는 채 썰고 밥새우는 체에 밭쳐 물에
   헹군다.
2. 팬에 현미유를 두르고 양배추를 볶다가 어
   느 정도 익으면 밥새우를 넣는다.
3. 2에 순한간장을 넣고 잘 섞은 후 참기름과
   깨소금을 넣는다.

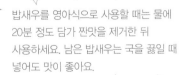

밥새우를 영아식으로 사용할 때는 물에
20분 정도 담가 짠맛을 제거한 뒤
사용하세요. 남은 밥새우는 국을 끓일 때
넣어도 맛이 좋아요.

초콜릿과일꼬치
고구마떡꿀조림

초콜릿, 사탕, 젤리같이 단 음식만 좋아하는 아이에게는 초콜릿을 활용한 재미있는 요리를 만들어 줍니다. 메추리알, 과일, 채소 등 영양을 보충해 줄 수 있는 재료를 꼬치로 만들어 초콜릿 소스를 곁들이면 아이들이 호기심을 느끼고 더욱 맛있게 먹습니다. 과일꼬치에 달콤한 고구마떡꿀조림을 곁들여 건강하고 재미있는 메뉴를 완성했습니다.

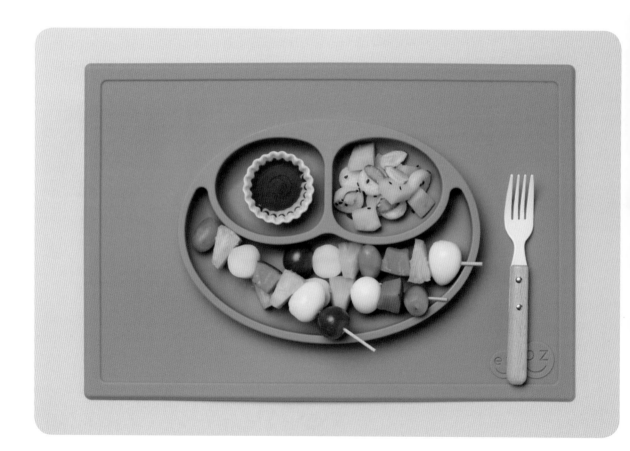

아이와 함께하는 미각 교육

초콜릿과일꼬치   고구마떡꿀조림

알록달록 다양한 색깔의 과일과 채소를 꼬치에 끼워 보며 과일꼬치를 함께 만들어 봅니다. 재미있게 꼬치를 만들며 소근육도 발달시키고, 음식에 대한 흥미도 높일 수 있습니다. 여기에 달콤한 초콜릿 소스를 곁들이면 아이들 입맛도 한 번에 사로잡을 수 있답니다.

초콜릿과일꼬치 미각 교육

1단계 관찰하기

어떤 과일과 채소가 있는지 색깔대로 말해 볼까?

흰색 메추리알, 빨간 방울토마토, 노란 파인애플, 주황색 단호박이 있어요.

2단계 냄새 맡고 만져 보기

가장 좋아하는 과일이나 채소의 냄새를 맡아 보자.

파인애플에서 달콤한 향기가 나요.

3단계 맛보기

만든 꼬치를 초콜릿에 꼭 찍어 먹으면 어떤 맛이 날까?

달콤한 초콜릿 맛이에요. 정말 맛있어요!

고구마떡꿀조림 미각 교육

1단계 관찰하기

이 요리에 들어간 떡은 어떤 모양이야?

동그란 모양이에요. 떡은 모양이 다양한 것 같아요.

2단계 냄새 맡고 만져 보기

손으로 떡을 만져 볼까?

말랑말랑 점토를 만지는 느낌이 들어요.

3단계 맛보기

달콤한 고구마와 담백한 떡, 거기에 꿀과 고소한 아몬드까지 들어간다면 어떤 맛이 날까?

음, 쫄깃하고 달콤한 맛이요!

초콜릿과일 꼬치

재료

메추리알 6개, 파인애플 12조각(2×1cm),
방울토마토 6개, 찐 단호박 1토막(2cm 너비),
가래떡 1토막(4cm)
초콜릿 소스 생 초콜릿 40g(5큰술), 우유 1큰술

만드는 법

1. 메추리알은 끓는 물에 5분간 삶아 건진 후
   껍질을 벗긴다.
2. 찐 단호박은 껍질째 한 입 크기로 썰고, 파인
   애플과 방울토마토는 크기에 따라 등분한다.
   가래떡은 0.5cm 두께로 썬다.
3. 초콜릿은 냄비에 중탕으로 녹인 후, 우유를
   넣고 잘 섞어 초콜릿 소스를 만든다.
4. 꼬치에 모든 재료를 보기 좋게 꽂은 후 3의
   소스를 곁들인다.

1

2

3

4

초콜릿은 생 초콜릿을 사용하는 것이
좋아요. 냉장고에 흔히 있는 채소나 과일을
적극 활용해 보세요.

고구마떡꿀조림

재료

가래떡 1줄(20cm), 고구마 30g, 꿀 2작은술,
물 1/3컵, 아몬드 슬라이스 1/2큰술, 검정깨
1/2작은술

만드는 법

1. 가래떡과 고구마는 한 입 크기로 납작하게
   썬다.
2. 팬에 기름을 두르지 않고 가래떡을 넣어 살
   짝 굽는다.
3. 냄비에 분량의 물을 붓고 고구마를 넣고 끓
   이다가 익으면 꿀을 넣고 걸쭉해질 때까지
   졸인다.
4. 3에 가래떡과 검정깨를 넣고 버무린 후 아몬
   드 슬라이스를 뿌린다.

고구마 대신 단호박을 넣거나 꿀 대신
조청을 활용해도 좋아요.

바나나라이스푸딩
감자치즈구이

라이스푸딩은 쌀에 우유와 설탕을 넣어 끓인 음식으로, 우유를 좋아하는 아이들은 우유의 맛과 풍미가 비슷하여 잘 먹는 메뉴입니다. 라이스푸딩에 쌀과 바나나를 넣어 영양과 맛을 보충했습니다. 여기에 감자와 치즈가 들어가 비타민과 칼슘이 풍부한 영양 가득한 감자치즈구이를 곁들이면 더욱 좋습니다.

아이와 함께하는 미각 교육

바나나라이스푸딩

감자치즈구이

영양 만점 바나나라이스푸딩을 보면서 생우유와 푸딩이 된 우유의 맛이 어떻게 다른지 아이와 함께 맛보고 이이야기를 나누어 보세요. 감자 치즈구이를 먹으면서는 얇게 썬 감자와 톡톡 씹히는 옥수수를 번갈아 맛보며 식감이 어떻게 다른지 알아봅니다.

바나나라이스푸딩 미각 교육

1단계 관찰하기

😊 이 요리를 보면 눈 내리는 푸딩 마을이 생각나는걸?

🙂 정말 그래요. 푸딩 마을에 바나나가 놀러 왔나 봐요.

2단계 냄새 맡고 만져 보기

😊 푸딩 마을의 향기는 어떠니?

🙂 달콤한 우유 냄새가 나요.

3단계 맛보기

😊 마을에 놀러온 바나나를 함께 먹어 볼까?

🙂 와, 마을이 정말 달콤하고 맛있어요.

감자치즈구이 미각 교육

1단계 관찰하기

😊 (요리 전 아기치즈를 보여주며) 치즈는 요리가 되면 어떻게 될까?

🙂 흐물흐물 녹아요! 모양이 없어져요.

2단계 냄새 맡고 만져 보기

😊 익힌 토마토를 만져 볼까?

🙂 물컹해요. 토마토가 벗어 놓은 옷 같아요.

3단계 맛보기

😊 이 요리를 한번 먹어 볼래?

🙂 감자와 치즈, 토마토를 한입에 먹으니 정말 맛있어요.

바나나라이스푸딩

재료

바나나 100g, 밥 150g(3/4컵), 우유 1컵,
견과류 가루 1작은술

만드는 법

1. 바나나는 동글납작하게 썬다.
2. 냄비에 우유를 끓이다가 따뜻해지면 밥을
   넣고 약불에서 5분간 끓인다.
3. 2에 바나나를 넣고 우유가 잘 스며들게 저어
   준 후 견과류 가루를 뿌린다.

백미 대신 잡곡밥을 사용해도 좋고
찬밥을 이용해 만들 수도 있어요.
바나나 대신 단호박이나 고구마를 넣어
다양한 맛을 만들어 보세요.

감자치즈구이

재료

감자 90g, 찐 옥수수 알갱이 1/3컵,
방울토마토 4개, 아기치즈 1장, 크랜베리 1큰술,
현미유 1작은술

만드는 법

1. 감자는 납작하게 썰고 방울토마토는 적당한
   크기로 자른다. 찐 옥수수는 알을 떼어 준비
   한다.

2. 팬에 현미유를 두르고 감자를 볶다가 찐 옥
   수수 알갱이와 방울토마토를 넣고 크랜베리
   를 뿌린다.

3. 2에 아기치즈를 얹고 팬의 뚜껑을 덮어 약불
   에서 치즈가 녹을 때까지 굽는다.

순한케첩을 곁들이면 좀 더 촉촉하게 먹을
수 있어요. 크랜베리 대신 각종 견과류나
건포도를 사용해도 좋아요.

미각 쑥쑥 김밥

아이들에게 음식에서 맛볼 수 있는 네 가지 기본 맛에 대해 알려 주는 활동입니다. 아이들은 미각을 통해 음식 속 숨어 있는 네 가지 맛을 발견하고, 맛에 대해 느끼는 감정을 자유롭게 표현합니다. 그러다 보면 음식의 기본 맛에는 짠맛, 신맛, 단맛, 쓴맛이 있으며, 음식은 다양한 맛을 가지고 있고 맛을 좋아하는 기준은 사람마다 다르다는 것을 알게 됩니다. 음식이 가진 기본 맛을 알고, 맛보는 활동을 통해 특정 맛만 선호하는 편식을 개선할 수 있습니다.

[재료 알아보기]

재료

김밥용 김, 밥, 달걀지단(단맛), 오이지(짠맛), 신김치(신맛), 쓴맛(쌈채소), 참기름, 깨소금

미각 테스트용

설탕(단맛) 1큰술, 레몬즙(신맛) 1큰술, 소금(짠맛) 1큰술, 카카오 가루(쓴맛) 1큰술

도구

볼 4개, 티스푼 4개, 도마, 김발, 칼

1. 각 볼에 미각 테스트 재료를 담고 재료를 맛볼 수 있는 티스푼도 각각 준비합니다.
2. 음식에는 우리가 느낄 수 있는 기본 맛으로 단맛, 신맛, 짠맛, 쓴맛이 있다는 것을 설명합니다.
3. 설탕, 레몬즙, 소금, 카카오 가루 순서로 아이가 차례대로 맛을 보게 합니다. 아이가 재료를 맛볼 때는 준비된 티스푼으로 살짝 찍어서 소량만 맛을 보게 합니다.
4. 아이가 맛본 재료가 어떤 맛에 해당하는지 질문합니다. 각각의 맛에 대해 좋아하는 정도를 아래의 미각표에 색연필로 색칠해 봅니다. 음식은 다양한 맛을 가지고 있다는 것을 알려 줍니다.

[미각 쑥쑥 김밥 만들기]

1. 여러 가지 맛의 특징을 지닌 재료를 준비합니다.
   단맛 : 달걀에 설탕을 풀어 지단을 부칩니다.
   짠맛 : 오이지를 물에 여러 번 씻은 후 참기름과 깨소금을 살짝 버무립니다.
   신맛 : 신김치는 물에 헹궈 매운맛을 없앤 후, 참기름과 깨소금에 버무립니다.
   쓴맛 : 쓴맛이 나는 쌈 채소는 끓는 물에 데쳐 물기를 꼭 짠 후 소금, 참기름, 깨소금에 버무립니다.
2. 김발 위에 김을 올리고 그 위에 밥을 골고루 펼쳐 담습니다.
3. 밥 위에 속 재료를 골고루 올린 후 김밥을 말아서 먹기 좋게 썰어 줍니다.
4. 완성된 미각 쑥쑥 김밥을 함께 맛보고 김밥 안의 네 가지 기본 맛이 골고루 느껴지는지 알아봅니다.

〈맛을 알아보는 미각표〉

재료	재료명	맛의 종류	맛보고 느낀점	좋아하는 정도
1				
2				
3				
4				

나비 카나페

코를 자극해 재료의 냄새를 맡아 보고 음식 속에 숨어 있는 냄새를 발견합니다. 맡아 본 냄새 중 아이가 좋아하는 냄새가 무엇인지, 어떤 냄새를 발견했는지 묘사하고 표현해 봅니다. 이 활동을 통해 냄새로 음식을 기억하는 연습을 할 수 있습니다. 특정 재료를 눈으로 보지 않고 냄새를 맡아 인식하는 활동은 아이들의 후각을 더욱 발달시킵니다. 또한, 음식을 먹을 때 후각을 함께 자극하면 음식 본연의 맛을 더욱 깊이 느낄 수 있습니다.

【재료 알아보기】

재료

다양한 향을 지닌 채소 및 과일 3~4종류(딸기, 오이, 파프리카 등), 우리통밀식빵 1조각,
순한케첩 약간

도구

속 안이 안 보이는 통(재료 개수만큼), 면포, 고무줄, 도마, 칼(아이용)

1. 채소 및 과일 몇 가지를 큼직하게 썰어 준비합니다.
2. 준비한 플라스틱 통 안에 채소 및 과일을 각각 담고 윗면을 면포로 덮어 고무줄로 고정합니다.
3. 아이에게 코를 최대한 활용해 각 재료의 냄새와 향을 느껴 보게 합니다. 그리고 아이가 맡은 냄새
   의 특징에 대해 자유롭게 이야기하게 합니다.
4. 아이가 가장 좋아하는 냄새와 향이 있는 재료는 어떤 것인지 고른 후, 재료를 하나씩 꺼내 보여 주
   면서 각 재료명과 특징을 아이에게 설명해 줍니다.

【나비 카나페 만들기】

1. 아이에게 후각 놀이에 활용한 재료와 식빵, 순한케첩을 이용해 나비를 만들 것이라고 설명해 줍니
   다. 식빵은 ×자로 썰어서 4등분합니다.
2. 나비를 꾸밀 수 있도록 아이가 직접 재료를 썰어 준비할 수 있게 합니다.
3. 아이가 모든 재료를 활용해 자유롭게 나비를 만들고 마지막에는 순한케첩으로 장식하게 합니다.
   완성된 나비를 맛있게 먹으면서 후각 놀이 내용을 복습합니다.

◎주의해 주세요

이 놀이는 아이가 후각만을 사용하여 음식 재료의 특징을 알아 가는 것이 중요합니다. 준비한 재료가
아이에게 보이지 않도록 주의하며 활동을 진행합니다.

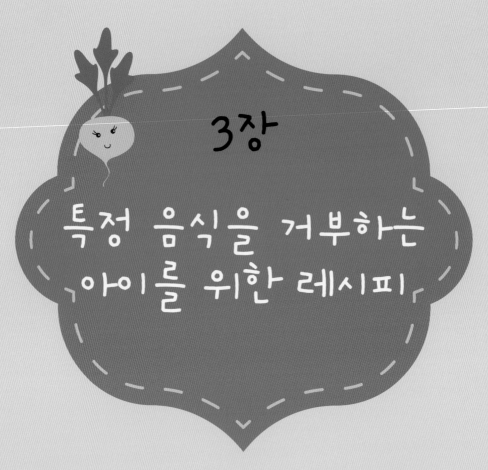

3장

특정 음식을 거부하는
아이를 위한 레시피

우리는 태어날 때부터 새로운 음식을 먹고 싶은 욕구와 동시에 낯선 음식에 대한 거부감을 가지고 있습니다. 이는 전 연령에 나타나는 현상이지만, 보통 유아기인 만 2세부터 차츰 증가하여 청소년기에 점차 감소합니다. 새로운 음식에 대한 거부 반응은 다양한 음식을 접할수록 감소하기 때문에 어렸을 때부터 여러 종류의 음식을 경험하는 것이 중요합니다.

아이들이 새로운 요리를 맛보기 전에 요리 과정에 참여하면 어렵지 않게 재료와 친해집니다. 또한, 다양한 미각 교육을 실시하여 음식을 눈과 코와 손으로 먼저 맛보는 즐거움을 알 수 있게 돕는다면 낯선 음식에 대한 거부감을 최대한 줄일 수 있습니다.

콩, 두부를 안 먹어요 1

단호박동그랑땡
아스파라거스볶음

'밭에서 나는 쇠고기'라고 불리는 콩은 성장기 어린이의 골격 형성에 도움을 주는 영양이 풍부한 재료입니다. 콩이나 두부를 잘 먹지 않는 아이들에게는 콩과 두부가 가지고 있는 맛이나 특성을 최대한 줄여서 요리하는 게 좋습니다. 단호박 소스와 블루베리를 넣은 연두부 블루베리 소스를 활용해 콩과 두부와 친숙해질 수 있는 식단을 구성했습니다.

아이와 함께하는 미각 교육

잡곡밥(27p)

된장채소국(28p)

단호박동그랑땡

아스파라거스볶음

노란빛이 눈길을 사로잡는 단호박 소스를 곁들인 동그랑땡과 연두부 블루베리 소스로 보라색 옷을 입은 아스파라거스볶음은 아이의 시각과 미각을 자극합니다. 길쭉한 모양의 아스파라거스를 볶으면 어떤 맛이 나는지 직접 맛보며 이야기를 나눕니다.

단호박동그랑땡 미각 교육

1단계 관찰하기
- 동글동글 예쁜 동그랑땡은 어떤 모양이지?
- 동그란 모양이에요. 노란 동그라미예요.

2단계 냄새 맡고 만져 보기
- 동그랑땡은 구우면 맛있는 냄새가 난단다.
- 고기 굽는 냄새와 비슷해요. 구우니까 동그랑땡이 단단해져요.

3단계 맛보기
- 달콤하고 부드러운 단호박 소스와 동그랑땡을 함께 먹어 보렴.
- 단호박 소스 때문에 더욱 부드럽고 맛있어요.

아스파라거스볶음 미각 교육

1단계 관찰하기
- 아스파라거스를 찾아봐.
- 막대 모양의 초록색 채소가 아스파라거스예요.

2단계 냄새 맡고 만져 보기
- 연두부를 만져 보면 어떤 느낌이 나니?
- 아주 부드럽고 조금만 힘주면 부서질 것 같아요.

3단계 맛보기
- 아스파라거스는 요리하면 어떤 맛일까?
- 사각사각 씹히는 게 재미있어요.

단호박동그랑땡

재료

간 쇠고기 80g, 두부 60g, 애호박 20g, 양파 20g, 당근 15g, 현미유 1큰술, 소금 1/3작은술, 후추 약간

단호박 소스 찐 단호박 100g, 우유 1/4컵, 소금 약간

만드는 법

1. 모든 채소는 잘게 썰고 두부는 면포에 싸서 물기를 꼭 짠다.
2. 볼에 간 쇠고기와 1의 채소, 두부를 넣고 소금과 후추로 간하여 잘 혼합한다.
3. 2의 재료를 동글납작하게 빚은 후 팬에 현미유를 두르고 앞뒤로 익힌다.
4. 익은 동그랑땡을 다른 그릇에 옮긴 후 3의 팬에 찐 단호박을 으깨어 넣고 우유를 넣은 후 끓여서 소스를 만든다. 소스를 만든 후 3의 동그랑땡을 넣어 버무린다.

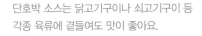
단호박 소스는 닭고기구이나 쇠고기구이 등 각종 육류에 곁들여도 맛이 좋아요.

아스파라거스볶음

재료
미니 아스파라거스 6줄기, 슬라이스 아몬드
1큰술, 현미유 1/2작은술, 소금 약간
연두부 블루베리 소스 연두부 70g, 블루베리
70g, 요거트 80g, 꿀 1과 1/2큰술

만드는 법

1. 아스파라거스는 밑둥을 자르고 필러로 줄기
   를 한 겹 벗긴 후 먹기 좋은 크기로 썬다.
2. 믹서에 분량의 연두부 블루베리 소스 재료
   를 넣고 곱게 갈아 소스를 만든다.
3. 팬에 현미유를 두르고 아스파라거스를 볶다
   가 소금으로 간 한다.
4. 3의 아스파라거스에 2의 소스와 슬라이스
   아몬드를 뿌린다.

남은 연두부 블루베리 소스에 시리얼과
견과류를 곁들여 아침식사 대용으로 즐겨도
좋아요.

콩, 두부를 안 먹어요 2

콩비지고구마조림
무홍시조림

콩을 싫어하는 아이들에게 고구마의 천연 단맛을 활용한 콩비지고구마조림을 만들어 주면, 콩에 대한 거부감을 많이 줄일 수 있습니다. 또한, 달콤한 홍시로 소스를 만들어 무와 함께 조린 무홍시조림을 통해 새로운 채소 요리를 경험하게 합니다.

아이와 함께하는 미각 교육

우유밥(26p)

대구맑은채소국(29p)

콩비지고구마조림

무홍시조림

몽실몽실 부드러운 콩비지는 아이들의 시각과 촉각을 자극하는 훌륭한 교육 재료입니다. 예쁜 색을 내는 무홍시조림의 색을 살펴보고, 콩비지를 직접 만져 보는 등 아이들이 눈과 코와 손으로 먼저 음식을 접한 후 요리를 맛보게 하면 콩을 더욱 친숙하게 받아들입니다.

콩비지고구마조림 미각 교육

1단계 관찰하기

이 요리에 들어간 재료는 뭘까?

달걀 볶음인가? 이건 애호박 같아요.

2단계 냄새 맡고 만져 보기

어떤 냄새가 나니?

고구마 냄새도 나고 고소한 냄새도 나요.

3단계 맛보기

고구마와 갈아 놓은 콩물을 짜고 남은 건더기인 콩비지라는 것을 함께 조린 거란다. 한번 먹어 볼래?

콩 맛보다는 고구마 맛이 많이 나요.
부드러워서 잘 넘어가요.

무홍시조림 미각 교육

1단계 관찰하기

이 주황색 요리는 무엇으로 만들었을까?

주황색 당근 아니에요?

2단계 냄새 맡고 만져 보기

이건 무란다. 무를 조리면 물컹해진단다. 한번 만져 볼래?

요리하기 전의 무는 딱딱한데 이건 물컹해요.

3단계 맛보기

무가 주황색 홍시 옷을 입었어. 어떤 맛일까?

달콤한 감 맛이 나요!

콩비지고구마조림

재료

콩비지 60g, 고구마 50g, 양파 30g,
애호박 30g, 된장 1/2작은술, 다시마 물 1/4컵,
현미유 1작은술

만드는 법

1. 고구마는 끓는 물에 넣고 삶아 익힌 후 껍질을 벗겨 으깨고, 양파와 애호박은 네모지게 썬다.
2. 볼에 다시마 물, 된장과 1의 으깬 고구마를 넣고 잘 섞는다.
3. 팬에 현미유를 두르고 양파와 애호박을 넣어 볶다가 콩비지를 넣고 살짝 볶는다.
4. 3에 2의 재료를 넣고 국물이 없어질 때까지 조린다.

콩비지고구마조림을 촉촉하게 만들어
밥 위에 얹어서 덮밥으로 즐겨도 좋아요.

무홍시조림

재료
무 80g, 홍시 1/2개, 순한간장 1/2작은술,
현미유 1작은술, 참기름 · 깨소금 1/2작은술씩

만드는 법

1. 무는 채 썰어 끓는 물에 5~6분간 데친 후
   건진다.

2. 믹서에 씨를 뺀 홍시 과육을 넣고 곱게 간다.

3. 팬에 현미유를 두르고 무채를 볶다가 2의 홍
   시를 넣는다.

4. 3에 순한간장을 넣고 참기름, 깨소금을 넣는
   다.

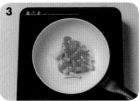

가을에 남은 홍시는 얼려 두었다가 필요할
때 해동하여 천연 과일소스를 만드는 등
다양한 요리에 두루 활용해 보세요.

애호박유부볶음
김땅콩무침

아이들이 채소를 조금 더 친숙한 느낌으로 먹을 수 있게 애호박을 국수 형태로 만들어 활용했습니다.
또한, 아이들이 좋아하는 김과 볶은 땅콩을 함께 무친 반찬을 곁들여 입맛을 살릴 수 있는 한 끼 식단을
구성했습니다.

아이와 함께하는 미각 교육

당근밥(26p)

대구맑은채소국(29p)

애호박유부볶음

김땅콩무침

늘 보던 애호박의 색다른 변신으로, 아이들은 길쭉한 애호박 국수를 보기만 해도 좋아합니다. 여기에 맛있는 유부를 함께 볶은 애호박유부볶음은 아이들이 즐겁게 먹을 수 있는 요리입니다. 당근이 들어가 색깔이 예쁜 당근밥과 함께 다양한 미각 교육을 시도해 보세요.

애호박유부볶음 미각 교육

1단계 관찰하기

이 국수는 초록색이네, 왜 초록색일까?

애호박으로 만들어서 초록색이에요.

2단계 냄새 맡고 만져 보기

애호박 국수는 그냥 국수와 어떤 차이가 있을까? 한번 만져 볼래?

애호박 국수는 일반 국수보다 길이가 더 짧아요.

3단계 맛보기

애호박 국수는 볶으면 단맛이 난단다.

정말 국수 같아요. 달콤한 국수요.

김땅콩무침 미각 교육

1단계 관찰하기

이 요리에서 보이는 재료는 무엇일까?

검정 김하고 땅콩이요.

2단계 냄새 맡고 만져 보기

김은 어떤 냄새가 나니?

고소한 냄새도 나고, 바다 냄새도 나요.

3단계 맛보기

고소한 김에 더 고소한 땅콩을 같이 먹으면 맛이 어떨까?

김과 땅콩을 같이 먹으니 두 배로 고소해졌어요.

애호박유부볶음

재료

애호박 70g, 유부 2장, 양파 20g, 순한간장 1/2작은술, 현미유 1작은술, 참기름 · 깨소금 1/2작은술씩, 소금 약간

만드는 법

1. 애호박은 채 써는 기계를 활용하거나 칼을 이용해 면처럼 길게 썰고, 양파와 유부는 채 썬다.
2. 팬에 현미유를 두르고 양파와 애호박을 볶은 후 소금으로 간 한다.
3. 2의 팬에 유부를 넣고 볶다가 순한간장과 참기름, 깨소금을 넣는다.

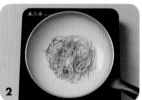

애호박 면을 활용해 파스타를 만들어 보세요. '스파이럴라이저'라는 회전 채칼을 사용해 다양한 채소 면을 만들 수 있어요.

김땅콩무침

재료
구운 김 2장, 땅콩 2큰술, 순한간장 1/2작은술,
현미유 1작은술, 참기름 · 깨소금 1/2작은술씩

만드는 법

1. 김은 비닐에 넣어 손으로 잘게 부수고 견과
   류는 잘게 썬다.
2. 팬에 견과류를 볶다가 현미유를 넣은 후 김
   을 넣어 볶는다.
3. 2에 순한간장과 참기름, 깨소금을 넣는다.

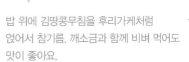

밥 위에 김땅콩무침을 후리가케처럼
얹어서 참기름, 깨소금과 함께 비벼 먹어도
맛이 좋아요.

시금치대구구이
양송이비트볶음

어린이 성장 발달에 도움을 주는 시금치를 잣과 함께 갈아 만든 영양 만점 소스를 대구 살에 곁들인 시금치대구구이입니다. 일반적인 양송이버섯볶음에서 벗어나 비트를 넣어 색과 영양을 더한 색다른 양송이비트볶음과 함께하면 맛있는 한 끼 식사를 즐길 수 있습니다.

아이와 함께하는 미각 교육

잡곡밥(27p)

토마토채소수프(30p)

시금치대구구이

양송이비트볶음

하얀 생선 살 위에 푸른색 풀잎이 내려앉은 듯 파릇파릇한 새싹이 돋는 봄을 연상케 하는 시금치대구구이입니다. 양송이버섯은 보라색 물감으로 물들인 듯 보랏빛을 띠고 있어 다양한 색감의 음식이 아이의 시각을 자극해 음식에 대한 호기심을 불러일으킵니다.

시금치대구구이 미각 교육

1단계 관찰하기

😊 흰살 생선에 초록색 소스를 올리니 정말 예쁘지?

🙂 초록빛 들판이 생각나요.

2단계 냄새 맡고 만져 보기

😊 초록색 소스는 어떤 냄새가 나니?

🙂 풀 냄새가 나는 것 같기도 하고, 고소한 냄새가 나요.

3단계 맛보기

😊 시금치와 치즈, 잣 등을 넣어 만든 초록색 소스를 한번 맛볼래?

🙂 시금치 같지 않아요. 정말 고소하고 맛있어요.

양송이비트볶음 미각 교육

1단계 관찰하기

😊 이건 비트라는 뿌리채소야. 이렇게 잘라 보면 안은 예쁜 보라색을 띤단다.

🙂 색깔이 정말 예뻐요.

2단계 냄새 맡고 만져 보기

😊 양송이버섯은 어떤 향기가 나니?

🙂 흙냄새가 나는 것 같아요.

3단계 맛보기

😊 양송이버섯과 비트 소스가 만나면 어떤 맛이 날까?

🙂 버섯이 아주 달콤해졌어요.

시금치대구구이

재료
대구 살 80g, 현미유 · 소금 약간씩
시금치 잣 소스 시금치 80g, 잣 20g, 아기치즈
1장, 우유 1/4컵, 유기쌀 조청 2큰술, 올리브유
1큰술, 소금 약간

만드는 법

1. 시금치는 손질하여 길이로 등분하고, 대구
   살은 키친타올로 물기를 제거한 후 소금으
   로 밑간한다.
2. 믹서에 아기치즈를 제외한 시금치 잣 소스
   재료를 모두 넣고 곱게 간다.
3. 팬에 현미유를 두르고 대구 살을 노릇하게
   구운 후 꺼낸다.
4. 3의 팬에 2의 소스를 넣고 아기치즈를 넣어
   살짝 끓여서 구운 대구 살 위에 올린다.

대구 살 대신 동태 살을 이용해도 좋아요.
시금치 잣 소스는 샌드위치 소스나 샐러드,
파스타 소스로도 잘 어울려요.

양송이비트볶음

재료

양송이버섯 60g, 배 50g, 비트 20g, 물 1/4컵,
현미유 1작은술, 참기름 · 깨소금 1/2작은술씩

만드는 법

1. 양송이는 먹기 좋은 크기로 썰고, 배와 비트
   는 큼직하게 썬다.
2. 믹서에 배, 비트, 물을 넣고 곱게 갈아 체에
   내린다.
3. 팬에 현미유를 두르고 양송이버섯을 볶는다.
4. 3의 재료가 다 익으면 2의 즙을 넣고 볶다가
   참기름과 깨소금을 넣는다.

비트와 배를 갈아 만든 즙은 무조림이나
감자조림 등에 넣어도 단맛을 내어 맛이
좋아요.

고구마김치피자
오징어채소볶음

김치를 싫어하는 아이들도 거부감 없이 먹을 수 있도록 고구마의 단맛을 살린 고구마김치피자입니다. 한입에 쏙 넣어 먹는 재미를 더한 고구마김치피자에 쫄깃쫄깃 씹히는 오징어채소볶음을 곁들여 영양 만점 식단을 만들어 봅니다.

아이와 함께하는 미각 교육

잡곡밥(27p)

들깨미역두부떡국(31p)

고구마김치피자

오징어채소볶음

빨간색 방울토마토 위에 하얀 치즈, 알록달록한 채소가 아이들의 관심을 불러일으킵니다. 생으로 먹는 방울토마토와 익힌 방울토마토의 맛을 비교하는 것도 아이들의 미각을 활발히 깨우는 활동이 될 수 있습니다.

고구마김치피자 미각 교육

1단계 관찰하기

🙂 이 귀여운 요리는 무엇으로 만들었을까?

🙂 토마토와 치즈가 보여요.

2단계 냄새 맡고 만져 보기

🙂 구운 치즈를 손으로 쭉 잡아당겨 볼까?

🙂 우와, 계속 늘어나요. 실처럼 가늘어져요.

3단계 맛보기

🙂 이건 한입에 먹을 수 있는 고구마김치피자란다. 고구마와 김치가 만나면 어떤 맛일까?

🙂 달콤한 고구마와 새콤한 김치를 같이 먹으니 맛나요.

오징어채소볶음 미각 교육

1단계 관찰하기

🙂 알록달록 이 요리에는 어떤 채소가 숨어 있을까?

🙂 하얀색은 양파 같아요. 주황색은 당근이요.

2단계 냄새 맡고 만져 보기

🙂 볶은 오징어를 한번 만져 볼래?

🙂 물컹하지만 탱탱해요.

3단계 맛보기

🙂 채소와 오징어를 함께 먹으면 부족한 영양분을 서로 보충해 준단다.

🙂 오징어도 맛있고 채소도 맛있어요.

고구마김치피자

재료

고구마 100g, 김치 50g, 방울토마토 2알,
아기치즈 1장, 순한케첩 3큰술,
현미유 1작은술, 참기름 · 깨소금 1/2작은술씩

만드는 법

1. 고구마는 동글납작하게 편으로 썰어 찜기에 쪄서 껍질을 벗기고, 김치는 물에 씻은 후 잘게 썰고, 방울토마토는 크기에 따라 등분한다.
2. 팬에 현미유를 두르고 김치를 볶다가 참기름과 깨소금을 넣는다.
3. 팬에 현미유를 두르고 찐 고구마를 살짝 굽는다.
4. 3의 고구마 위에 순한케첩을 뿌리고 2의 볶은 김치, 방울토마토와 아기치즈를 순서대로 얹고 뚜껑을 닫아 약한 불로 익힌다.

연령에 따라 고구마의 크기를 조절하세요.
김치 외에 각종 채소를 잘게 다져 넣어 건강
고구마김치피자로 즐겨도 좋아요.

오징어채소볶음

재료

오징어 1/3마리, 양파 30g, 당근 20g,
양배추 20g, 순한어간장 1/2작은술,
현미유 1작은술, 참기름 · 깨소금 1/2작은술씩

만드는 법

1. 오징어와 모든 채소는 먹기 좋은 크기로 채
   썬다.
2. 팬에 현미유를 두르고 양파를 볶다가 나머
   지 채소를 넣고 볶는다.
3. 2의 채소가 어느 정도 익으면 오징어를 넣는
   다.
4. 3에 순한어간장과 참기름, 깨소금을 넣어 간
   을 맞춘다.

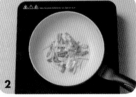

오징어와 채소 재료가 남으면
멸치다시마육수에 넣고 끓여 오징어
채소국으로 즐겨도 좋아요.

돼지고기김치볶음
된장두부조림

식이섬유가 풍부한 무화과에는 단백질 분해 효소가 들어 있어 돼지고기와 함께 먹으면 좋습니다.
또한, 익숙한 두부 요리에서 벗어나 된장 소스를 넣어 맛과 건강을 더한 된장두부조림을 반찬으로
하여 담백하고 맛있는 한 끼를 구성했습니다.

아이와 함께하는 미각 교육

우유밥(26p)

대구맑은채소국(29p)

돼지고기김치볶음

된장두부조림

요리 재료로 조금 생소한 무화과는 아이들과 많은 이야기를 나눌 수 있는 재료입니다. 무화과의 모양을 살펴보고, 요리하기 전후의 무화과를 아이들에게 맛보여 줍니다. 된장두부조림에 들어간 파프리카의 예쁘고 다양한 색깔에 관해 이야기를 나누어 보고, 색깔별로 맛도 다르다는 것을 알려 줍니다.

돼지고기김치볶음 미각 교육

1단계 관찰하기

이 붉은색 재료는 무화과란다. 한번 살펴볼래?

잘라 보면 속 안에 씨가 많이 보여요.

2단계 냄새 맡고 만져 보기

무화과의 냄새를 한번 맡아 보렴.

아무 냄새도 안 나는데요?

3단계 맛보기

무화과는 과일이야. 한번 먹어 볼래?

부드럽고 먹을 때마다 속 안에 씨가 씹혀서 재미있어요.

된장두부조림 미각 교육

1단계 관찰하기

이 두부조림은 알록달록하니 색이 예쁘지?

빨간색 파프리카와 초록색 파프리카가 보여요.

2단계 냄새 맡고 만져 보기

파프리카에는 비타민이 많이 들어 있어서 감기에 안 걸리게 도와준대.

파프리카는 색깔마다 냄새도 달라요!

3단계 맛보기

빨간색 파프리카와 초록색 파프리카를 따로 먹어 봐.

냄새도 다르고 맛도 각각 다르네요. 신기해요!

돼지고기김치볶음

재료
간 돼지고기 60g, 김치 50g, 무화과 1개,
현미유 1작은술, 참기름 · 깨소금 1/2작은술씩
고기 양념 청주 1작은술, 순한간장 1/2작은술,
다진 마늘 · 후추 약간씩

만드는 법

1. 김치는 물에 담갔다 건져서 잘게 썰고, 무화
   과는 먹기 좋은 크기로 썬다.
2. 간 돼지고기는 고기 양념으로 밑간한다.
3. 팬에 현미유를 두르고 김치를 볶다가 돼지
   고기를 넣고 볶는다.
4. 3의 팬에 무화과를 넣고 살짝 볶은 후 참기
   름과 깨소금을 넣는다.

돼지고기무화과볶음에 김치를 넣으면
부드럽게 씹히는 맛도 좋고 돼지고기의
느끼한 맛을 잡아 주는 역할도 해요.

된장두부조림

재료

두부 80g, 청파프리카 20g, 홍파프리카 20g,
된장 1/2작은술, 호두 2큰술, 다시마 물 2큰술,
현미유 1작은술, 참기름 · 깨소금 1/2작은술씩,
소금 약간

만드는 법

1. 두부는 네모지게 썰어서 키친타올로 수분을
   제거한 후 소금을 살짝 뿌려두고, 파프리카
   와 호두는 잘게 썬다.
2. 팬에 현미유를 두르고 두부를 노릇하게 지
   진다.
3. 2에 호두와 파프리카를 넣고 볶다가 다시마
   물에 된장을 풀어 넣고 조린다.
4. 3이 잘 조려지면 참기름과 깨소금을 넣는다.

다시마 물에 된장을 풀어 만든 된장 소스는
나물을 무칠 때 등 다양하게 활용할 수
있어요.

밥을 싫어해요 1

볶음밥경단
콜리플라워들깨무침

익숙한 볶음밥이나 주먹밥에서 벗어나 밥으로 경단을 만들어 보았습니다. 볶음밥에 달걀물을 입혀서
살짝 지진 후 맛있는 방울토마토를 곁들이면 보기에도 근사하고 맛있는 한 끼 식사가 완성됩니다.
곁들임 반찬으로 비타민과 식이섬유가 풍부한 콜리플라워를 들깨에 무쳐 함께 구성하였습니다.

아이와 함께하는 미각 교육

제철 과일

양송이감자수프(31p)

볶음밥경단

콜리플라워들깨무침

동글동글 하나씩 쏙쏙 빼먹는 재미를 더한 볶음밥경단에 고소한 맛의 콜리플라워들깨무침으로 재밌는 오감 놀이를 해 봅니다. 볶음밥경단을 만들 때는 다양한 모양 틀을 이용하여 동그라미, 세모, 네모, 별 모양 등 아이가 좋아하는 모양을 만들어 봅니다.

볶음밥경단 미각 교육

1단계 관찰하기

😊 이 특별한 볶음밥은 어떤 모양일까?

🙂 동그란 공 모양이에요. 데굴데굴 굴러갈 것 같아요.

2단계 냄새 맡고 만져 보기

😊 볶음밥으로 만들 수 있는 다른 모양은 뭐가 있을까? 한번 만들어 볼래?

🙂 난 별을 만들 거예요.

3단계 맛보기

😊 동그란 볶음밥이 한입에 쏙 들어가는지 한번 해 볼까?

🙂 제 입에 쏙 들어가요. 모양이 재미있으니 더욱 맛있어요.

콜리플라워들깨무침 미각 교육

1단계 관찰하기

😊 콜리플라워를 보면 무엇이 생각나니?

🙂 눈 내린 나무 같아요. 브로콜리와 비슷하게 생겼어요.

2단계 냄새 맡고 만져 보기

😊 콜리플라워에서는 어떤 향기가 날까?

🙂 아무 향이 안 나요. 풀 향기가 나는 것 같기도 해요.

3단계 맛보기

😊 비타민이 풍부한 콜리플라워를 들깨 소스에 버무리면 어떤 맛일까?

🙂 아무런 맛이 없을 것 같았는데 들깨 소스 덕에 아주 고소해졌어요.

볶음밥경단

재료

밥 100g(1컵), 새우 살 1/4컵, 양파 20g, 부추
10g, 당근 10g, 방울토마토 4개, 달걀물 2큰술,
순한간장 1/2작은술, 현미유 1작은술,
참기름 · 깨소금 1/2작은술씩

만드는 법

1. 각종 채소와 새우 살은 잘게 다지고 방울토
   마토는 반으로 썬다.

2. 팬에 현미유를 두르고 새우를 볶다가 나머
   지 채소 재료를 넣고 볶는다. 어느 정도 익으
   면 밥을 넣고 순한간장과 참기름, 깨소금을
   넣고 볶는다.

3. 2의 볶음밥이 식으면 동그랗게 경단으로 빚
   은 후 달걀물을 입힌다.

4. 팬에 현미유를 두르고 3의 볶음밥경단을 굴
   려가며 지진 후 꼬치에 방울토마토와 함께
   끼운다.

볶음밥경단에 순한케첩을 뿌려 먹어도
좋아요.

콜리플라워 들깨무침

재료

콜리플라워 70g, 당근 10g, 들깻가루 1큰술,
현미유 1작은술, 참기름 · 깨소금 1/2작은술씩,
소금 약간

만드는 법

1. 콜리플라워는 한 입 크기로 손질하고 당근
   은 얇게 채 썬다.
2. 끓는 물에 소금과 1의 재료를 넣고 데친다.
3. 볼에 2의 재료를 담고 소금, 들깻가루, 깨소
   금과 참기름을 넣고 버무린다.

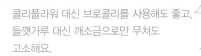
콜리플라워 대신 브로콜리를 사용해도 좋고,
들깻가루 대신 깨소금으로만 무쳐도
고소해요.

달걀보트밥
새송이조림

달걀을 보트 모양으로 활용한 요리로 밥을 안 먹는 아이들에게 음식에 대한 흥미를 불러일으킵니다.
밥을 잔뜩 싣고 떠나는 달걀보트밥은 보기에도 재미있고 영양도 만점입니다. 여기에 쫄깃쫄깃 식감이
좋은 새송이조림을 곁들여 한 끼 식사를 완성합니다.

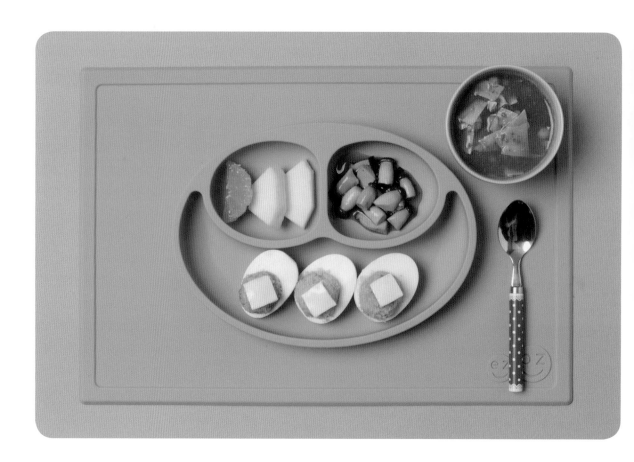

아이와 함께하는 미각 교육

제철 과일

토마토채소수프(30p)

달걀보트밥

새송이조림

달걀 안에 동그랗게 뭉친 밥이 쏘옥! 달걀보트밥을 타고 어디로 가고 싶은지 아이들과 이야기해 봅니다. 샛노란 달걀노른자와 하얀 달걀흰자로 다양한 모양을 만들어 보고 맛도 보며 아이들의 식욕을 자극합니다. 또한, 나무기둥처럼 생긴 새송이버섯의 생김새를 살펴보며 냄새도 맡아 보고 손으로 만져도 봅니다.

달걀보트밥 미각 교육

1단계 관찰하기

👩 이 요리는 꼭 뭐 같이 생겼을까?

🙂 마치 배 같아요.

2단계 냄새 맡고 만져 보기

👩 달걀을 익히면 노른자와 흰자의 촉감이 달라져. 한번 만져 볼래?

🙂 노른자는 푸석하게 잘 부서지고 흰자는 말랑말랑해요.

3단계 맛보기

👩 흰자 배를 타고 노른자 옷을 입은 밥은 어떤 맛일까?

🙂 세계를 여행하는 맛이에요!

새송이조림 미각 교육

1단계 관찰하기

👩 새송이버섯은 정말 귀엽게 생겼네?

🙂 이름도 송이송이 새송이, 정말 귀여워요.

2단계 냄새 맡고 만져 보기

👩 요리한 새송이버섯은 어떤 느낌일지 손으로 한번 만져 볼래?

🙂 미끌미끌해요. 촉촉하기도 하고요.

3단계 맛보기

👩 새송이버섯을 다시마와 함께 넣어 간장에 조린 건데 한번 먹어 볼래?

🙂 씹을수록 쫄깃쫄깃해요.

달걀보트밥

재료

밥 50g(1/2컵), 삶은 달걀 2개, 양파 30g,
당근 10g, 지리멸치 1큰술, 아기치즈 1/2장,
순한간장 1/2작은술, 현미유 1작은술,
참기름 · 깨소금 1/2작은술씩

만드는 법

1. 양파, 당근과 지리멸치는 잘게 썰고 아기치
   즈는 한 입 크기로 등분한다.
2. 삶은 달걀은 반으로 자르고 노른자는 따로
   체에 내린다.
3. 팬에 현미유를 두르고 1의 채소와 지리멸치
   를 넣어 볶다가 밥을 넣고 순한간장으로 간
   한 후, 참기름과 깨소금을 넣어 볶음밥을 만
   든다.
4. 볶음밥은 한 입 크기의 경단으로 빚어서 노
   른자가루 위에 굴린 후, 흰자 위에 담고 치즈
   를 얹는다.

달걀은 완숙으로 삶아야 노른자를 가루로
만들기 쉬워요. 완숙 달걀은 끓는 물에
약 12분을 삶으면 만들 수 있어요.

새송이조림

재료

미니새송이버섯 70g, 다시마 1장(4x5cm),
물 1컵, 순한어간장 2작은술, 유기쌀 조청
1작은술, 참기름 · 깨소금 1/2작은술씩

만드는 법

1. 미니새송이버섯은 밑동을 제거하고 크기에
   따라 등분한다.
2. 냄비에 미니새송이버섯과 물, 다시마와 순한
   어간장을 넣고 끓인다.
3. 2의 미니새송이버섯이 조려지면 유기쌀 조
   청과 참기름, 깨소금을 넣는다.
4. 다시마는 건져 먹기 좋은 길이로 채 썰어 곁
   들인다.

새송이조림에 메추리알이나 곤약을 넣고
함께 조려도 좋아요.

키위과카몰리샌드
닭고기파인애플무침

아보카도와 새콤한 키위로 과카몰리 소스를 만들어 넣은 키위과카몰리샌드는 아이들이 좋아하는 메뉴입니다. 비타민과 미네랄뿐만 아니라 맛과 영양을 보충한 닭고기파인애플무침을 통해 파인애플의 달콤새콤한 맛과 풍미가 파프리카 특유의 맛을 감해 주어 거부감 없이 파프리카를 접할 수 있습니다.

아이와 함께하는 미각 교육

양송이수프(31p)

키위과카몰리샌드

닭고기파인애플무침

크래커 사이에 초록 빛깔의 키위 과카몰리가 들어간 크래커 샌드는 아이들의 눈길을 사로잡는 색다른 요리입니다. 아보카도에 대해 알아보고 맛도 보며 재료를 알아 가는 시간을 갖습니다. 닭고기와 파인애플을 파인애플 소스에 무친 닭고기파인애플무침을 맛보며 가장 먼저 느껴지는 맛이 무엇인지 찾아봅니다.

키위과카몰리샌드 미각 교육

1단계 관찰하기

- 맛있게 생긴 이 요리에는 예쁜 색이 많이 들어 있네?
- 초록색, 빨간색, 노란색이 보여요.

2단계 냄새 맡고 만져 보기

- 키위에서는 어떤 향기가 나는지 맡아 볼까?
- 새콤달콤한 향기가 나서 입안에 침이 고여요.

3단계 맛보기

- 맛있는 과일과 토마토가 들어간 과자 샌드를 한번 먹어 볼까?
- 마치 샌드위치 같아서 정말 맛있어요.

닭고기파인애플무침 미각 교육

1단계 관찰하기

- 파인애플을 익히니 더 진한 노란색이 되었어.
- 맛도 더 달콤할 것 같아요.

2단계 냄새 맡고 만져 보기

- 파인애플은 늘 자기만의 향을 가지고 있단다.
- 달콤하면서 새콤한 파인애플 향이에요.

3단계 맛보기

- 파인애플을 닭고기와 함께 먹으면 맛이 어떨까?
- 닭고기도 달콤하고 부드럽게 느껴져요.

키위과카몰리샌드

재료
크래커 6개, 아보카도(완숙) 1개, 방울토마토
4개, 골드키위 1/2개, 올리브오일 2작은술,
꿀 1작은술, 소금 약간

만드는 법

1. 아보카도는 껍질을 벗겨 포크로 부드럽게
   으깨고 방울토마토와 골드키위는 잘게 썬다.
2. 볼에 1의 재료를 모두 넣고 올리브오일, 꿀
   과 소금을 넣어 잘 섞어 키위과카몰리를 만
   든다.
3. 크래커 위에 2의 키위과카몰리를 얹고 크래
   커로 덮어 샌드한다.

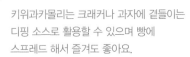

키위과카몰리는 크래커나 과자에 곁들이는
디핑 소스로 활용할 수 있으며 빵에
스프레드 해서 즐겨도 좋아요.

닭고기 파인애플무침

재료

닭고기(다리 살) 80g, 파인애플 30g, 우유 2큰술, 현미유 1작은술, 소금 · 후추 약간씩
무침 소스 파인애플 70g, 파프리카 30g, 유기쌀 조청 2작은술, 소금 약간

만드는 법

1. 파인애플은 채 썰고 무침 소스의 파인애플과 파프리카는 큼직하게 썬다.
2. 닭고기는 우유에 30분간 재운 후 건져 키친타올로 닦아내고 소금과 후추로 밑간한다.
3. 팬에 현미유를 두르고 2의 닭고기를 구운 후 식으면 결대로 찢는다.
4. 믹서에 분량의 무침 소스 재료를 넣고 곱게 간 후 채 썬 파인애플과 닭고기를 버무린다.

파인애플은 소화를 도와주기 때문에 고기와 함께 먹기 좋은 과일이에요. 또한, 구우면 당도가 올라가 더욱 달콤해진답니다.

구운사과피자
오이햄샐러드

과일을 구워 부드럽게 익힌 사과피자는 아이들의 작은 손으로 손쉽게 집어 먹을 수 있는 핑거 푸드로 제격입니다. 여기에 맛이 좋은 오이햄샐러드를 곁들여 구운사과피자에 부족한 식감과 영양을 보충해 주었습니다.

아이와 함께하는 미각 교육

제철 과일

토마토채소수프(30p)

구운사과피자

오이햄샐러드

동그란 사과 위에 피자를 만들어 그 모양이 귀엽고 예쁜 구운사과피자는 알록달록 다양한 색과 모양으로 아이들이 호기심을 느끼는 메뉴입니다. 사과를 구우면 맛과 향이 어떻게 변하는지 아이들과 직접 맛보며 이야기해 봅니다. 오이햄샐러드는 오이의 식감과 햄의 식감을 비교하며 먹어 봅니다.

구운사과피자 미각 교육

1단계 관찰하기

사과는 어떻게 자르는지에 따라 모양이 달라진단다.

가로로 자르니 동그라미가 나와요.

2단계 냄새 맡고 만져 보기

딱딱한 사과를 구우면 어떻게 될까? 한번 만져 볼래?

물렁물렁해졌어요.

3단계 맛보기

피자를 사과로 만들 수도 있단다. 맛이 어떨까?

고소하면서 달콤하고 새콤해요. 또 먹고 싶어요!

오이햄샐러드 미각 교육

1단계 관찰하기

이 요리에는 어떤 재료가 보이니?

오이와 달걀, 햄이요!

2단계 냄새 맡고 만져 보기

이 중에 가장 단단한 것은 무엇일까? 한번 만져 볼래?

오이요. 달걀과 햄보다는 오이가 더 단단해요!

3단계 맛보기

맛있는 햄, 달걀과 함께 먹으면 오이는 더욱 맛있어져.

오이는 다른 재료들과 잘 어울리는 채소예요.

구운 사과피자

재료

사과 2토막(1cm 두께, 링 모양), 크림치즈
2작은술, 호두 2작은술, 크랜베리 2작은술,
기버터(정제 버터) · 꿀(또는 메이플시럽) ·
머스코바도 설탕(사탕수수당) 1작은술씩

만드는 법

1. 사과는 편으로 썰고 호두와 크랜베리는 잘
   게 썬다.
2. 팬에 기버터를 두르고 사과를 굽다가 익으
   면 머스코바도 설탕을 뿌려 노릇하게 앞뒤
   로 굽는다.
3. 2의 구운 사과 위에 크림치즈를 골고루 펴
   바른다.
4. 3의 위에 호두, 크랜베리를 올리고 꿀을 뿌
   린다.

과일을 잘 안 먹는 아이들에게 과일을 구워
주면 식감과 풍미가 달라져 의외로 잘 먹는
경우도 많아요.

오이햄샐러드

재료

오이 30g, 슬라이스 햄 1장, 달걀물 3큰술,
현미유 1작은술, 참기름 · 깨소금 1/2작은술씩,
소금 약간

만드는 법

1. 팬에 현미유를 두르고 잘 풀은 달걀물을 넣어 지단을 부친다.
2. 지단과 슬라이스 햄, 오이는 채 썬다.
3. 팬에 현미유를 두르고 2의 재료를 넣어 볶다가 소금과 참기름, 깨소금으로 간한다.

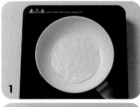

스크램블이나 프라이로 많이 먹는 달걀을 지단으로 만들어 각종 요리에 활용하면 색다르게 즐길 수 있어요.

두부소시지
김배추나물

고기를 안 먹으려는 아이들은 보통 고기 특유의 냄새 혹은 식감을 싫어하는 경우가 많습니다. 그래서 부드러운 두부를 활용해 닭고기의 풍미나 식감을 중화시켜 주었습니다. 김배추나물은 아이들이 좋아하는 김으로 맛을 내어 거부감 없이 배추를 먹을 수 있게 만든 채소 반찬입니다.

아이와 함께하는 미각 교육

당근밥(26p)

토마토채소수프(30p)

두부소시지

김배추나물

눈을 감고 소시지를 맛보며 소시지 안에 들어 있는 재료가 무엇일지 맞혀 보는 놀이를 해 봅니다. 이런 활동을 통해 아이는 미각을 적극적으로 사용하고 감각을 예민하게 키워 나갑니다. 배추와 김을 맛보게 하며 산에서 나는 것과 바다에서 나는 음식의 맛에 관해 이야기해 봅니다.

두부소시지 미각 교육

1단계 관찰하기

소시지의 모양은 어떻게 생겼어?

돌돌 만 김밥이요. 마치 사탕 같기도 해요.

2단계 냄새 맡고 만져 보기

동그랗게 만 소시지를 한번 만져 볼래?

물렁물렁 탱탱해요.

3단계 맛보기

두부와 닭고기가 들어간 소시지는 더욱 담백할 거야.

케첩을 찍어 먹으니 더욱 맛이 좋아요.

김배추나물 미각 교육

1단계 관찰하기

이 요리에서 검은 것은 무엇일까?

내가 좋아하는 김이요!

2단계 냄새 맡고 만져 보기

보통 밥에 싸서 먹는 김이 오늘은 달라졌어.

김이 바삭하지 않고 부드러워졌어요.

3단계 맛보기

김이 들어가서 배추의 맛을 더 좋게 해준단다.

밥에 싸 먹는 것도 좋지만, 반찬으로 먹는 김도 아주 맛있어요.

두부소시지

재료
두부 150g, 닭고기(안심) 100g,
말린 표고버섯 2개, 순한케첩 약간
고기 양념 다진 마늘 1작은술, 청주 1큰술,
참기름 · 깨소금 1작은술씩, 소금 1/3작은술,
후추 약간

만드는 법

1. 두부는 큼직하게 썰어 면포에 싸서 물기를
   꼭 짜고, 말린 표고버섯은 불린 후 기둥을 제
   거한 후 큼직하게 썬다. 닭고기는 큼직하게
   썰어서 고기 양념에 버무린다.

2. 믹서에 1의 모든 재료를 넣고 곱게 간 다음,
   도마 위에 랩을 펼친 후 그 위에 두부소시지
   재료를 얹고 돌돌 말아 양쪽 끝을 묶는다.

3. 포일 위에 2의 롤을 얹어 다시 돌돌 말은 후
   이쑤시개로 구멍을 군데군데 뚫는다.

4. 김 오른 찜기에 3의 롤을 넣고 강불에서 10
   분간 익힌 후 꺼내서 한 김 식으면 먹기 좋
   게 썰어 순한케첩을 곁들인다.

두부소시지를 찜기에 찐 후 팬에 살짝
구우면 풍미와 맛이 더욱 좋아져요. 두부
소시지 반죽에 청양고추를 다져 넣으면
어른이 먹기에도 좋답니다.

김배추나물

재료
알배추 2장, 구운 김 1/2장, 순한간장 1/2작은술,
참기름 · 깨소금 1/2작은술, 소금 약간

만드는 법

1. 알배추는 잘게 채 썰고, 구운 김은 비닐 안에
   넣어 손으로 잘게 부순다.
2. 끓는 물에 소금을 넣고 알배추를 데친 후 건
   진다.
3. 볼에 데친 알배추와 구운 김을 넣고 순한간
   장, 참기름과 깨소금으로 무친다.

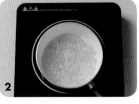

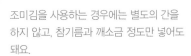

조미김을 사용하는 경우에는 별도의 간을
하지 않고, 참기름과 깨소금 정도만 넣어도
돼요.

메추리알고기조림
귤고구마탕

아이들이 밥반찬으로 좋아하는 메추리알 조림을 고기에 감싸 영양과 맛을 상승시켰습니다. 여기에 달콤한 맛이 너무나 매력적인 귤 소스로 만든 고구마탕을 함께하면 더없이 맛있는 한 끼 식사가 완성됩니다.

아이와 함께하는 미각 교육

잡곡밥(27p)

토마토채소수프(30p)

메추리알고기조림

귤고구마탕

동글동글 고기 속에 꼭꼭 숨은 메추리알을 찾아보자! 아이들과 함께 고기 속에 뭐가 들었을까 이야기하며 즐겁게 요리를 맛봅니다. 귤고구마탕을 맛보며 어떤 과일 맛이 나는지, 어떤 색깔이 보이는지에 대해 알아보면 더욱 풍성한 미각 교육을 할 수 있습니다.

메추리알고기조림 미각 교육

1단계 관찰하기

동그란 모양 안쪽에는 뭐가 들어 있을까?
반으로 잘라 볼까?

고기 안에 메추리알이 들어 있어요.

2단계 냄새 맡고 만져 보기

원한다면 메추리알의 옷을 분리해 보아도 돼.

메추리알 옷을 벗기기도 하고 노른자를 빼기도 하니
재미있어요.

3단계 맛보기

각자 따로도 먹어 보고, 한 번에 먹어도 보렴.

고기와 메추리알을 한꺼번에 먹으니 새로운 맛이 나요.

귤고구마탕 미각 교육

1단계 관찰하기

길쭉하게 썬 고구마의 모양을 보면 뭐가 생각나니?

감자튀김도 생각나고, 연필도 생각나요.

2단계 냄새 맡고 만져 보기

새콤달콤 귤 소스의 냄새를 한번 맡아 볼래?

상큼한 냄새가 나요!

3단계 맛보기

귤 소스에 조린 고구마는 어떤 맛이 날까?

신기하게도 정말 달콤해요!

메추리알고기조림

재료
간 쇠고기 80g, 메추리알 10개, 양파 10g,
당근 5g, 우리통밀가루 2큰술, 현미유 1큰술
고기 양념 다진 마늘 · 순한간장 1/2작은술씩,
청주 1작은술, 후추 약간
조림 소스 순한간장 · 유기쌀 조청 · 참기름
1작은술씩

만드는 법
1. 양파와 당근은 곱게 다지고 메추리알은 끓
   는 물에 5~7분간 삶아서 껍질을 벗긴다.
2. 볼에 쇠고기, 양파, 당근, 분량의 고기 양념
   재료를 모두 넣고 잘 혼합한다.
3. 우리통밀가루에 메추리알을 굴린 후 2의 고
   기 반죽을 얇게 씌운다.
4. 팬에 현미유를 두르고 3의 메추리알을 굴려
   가며 굽다가 익으면 조림 소스를 넣어 살짝
   조린다.

메추리알에 고기 반죽을 너무 두껍게
씌우면 구울 때 속까지 충분히 익히기가
어려우니 얇게 씌우는 것이 좋아요.

귤고구마탕

재료

고구마 80g, 귤 1개, 슬라이스 아몬드 1큰술,
머스코바도 설탕(사탕수수당) 1작은술, 현미유
약간

만드는 법

1. 고구마는 길쭉하게 썰고 슬라이스 아몬드는
   잘게 썬다.
2. 귤은 착즙기에 내려 즙을 만들어 체에 내린
   다.
3. 팬에 현미유를 두르고 고구마를 지지듯이
   노릇하게 튀긴 후 건져 기름을 뺀다.
4. 팬에 귤즙과 머스코바도 설탕을 넣고 바글
   바글 끓여 조린 후 3의 튀긴 고구마와 슬라
   이스 아몬드를 넣고 버무린다.

고구마가 살짝 잠길 정도로만 기름을 넣고
지지듯이 튀기면 기름을 적게 사용할 수
있어요.

오징어볼조림
청경채당근나물

오징어는 고단백 식품으로 뇌세포 형성에도 도움을 줍니다. 맛있는 오징어를 갈아서 볼로 만들어
조리면 해산물을 싫어하는 아이들도 거부감 없이 먹을 수 있습니다. 볶음 재료로 흔히 쓰이는 청경채를
건강한 나물 반찬으로 만들어 곁들이면 더욱더 영양가 있는 식단이 완성됩니다.

아이와 함께하는 미각 교육

우유밥(26p)

된장채소국(28p)

오징어볼조림

청경채당근나물

동글동글 어묵 모양의 오징어볼조림의 모양을 보고, 원래 오징어는 어떤 모양이었는지에 관해 이야기해 봅니다. 또, 푸른 청경채와 붉은 당근이 만나 맛 좋은 나물로 변신한 청경채당근나물을 먹어 보며 어떤 맛이 나는지 알아 봅니다.

오징어볼조림 미각 교육

1단계 관찰하기

😊 이 동그란 요리는 무엇으로 만들었을까?

🙂 어묵 같아 보여요.

2단계 냄새 맡고 만져 보기

😊 한번 만져 볼래?

🙂 속에 여러 가지 재료가 들어 있는 것 같아요.

3단계 맛보기

😊 여기에는 오징어와 각종 채소, 버섯이 들어갔어.

🙂 신기하게 오징어 맛이 안 나요. 여러 가지 재료가 더해져 여러 맛이 나요.

청경채당근나물 미각 교육

1단계 관찰하기

😊 이 초록색 채소의 이름이 뭔지 아니? 청경채란다.

🙂 청경채는 시금치와 비슷하게 생겼어요.

2단계 냄새 맡고 만져 보기

😊 된장은 어떤 냄새가 나지?

🙂 구수하고 구리구리한 냄새가 나요. 하지만 된장찌개는 맛있어요.

3단계 맛보기

😊 청경채와 당근을 된장에 무쳐 먹으면 어떨까?

🙂 된장에 무치니 고소한 맛이에요!

오징어볼조림

재료

오징어(중) 1마리, 양파 20g, 파프리카 15g,
표고버섯 10g, 우리통밀가루 1/4컵, 소금
1/2작은술
조림 양념 다시마 물 2큰술, 순한어간장
1작은술, 참기름 · 깨소금 1/2작은술씩

만드는 법

1. 오징어는 껍질을 벗겨 썰고 양파, 파프리카
   와 표고버섯은 큼직하게 썬다.
2. 믹서에 1의 재료와 우리통밀가루를 넣고 곱
   게 갈아 한 입 크기의 볼로 만든다.
3. 끓는 물에 2의 오징어볼을 넣어 삶은 후 건
   진다.
4. 팬에 조림 양념 재료를 넣고 한소끔 끓인 후
   3의 오징어볼을 넣고 조린다.

오징어볼조림을 멸치다시마육수 안에 넣고
끓여 탕으로 즐겨도 좋고 밀가루, 달걀물,
빵가루를 묻혀 튀김으로 즐겨도 맛있어요.

청경채당근나물

재료

청경채 100g, 당근 30g, 된장 1/2작은술,
들기름 · 깨소금 약간씩

만드는 법

1. 청경채는 밑동을 잘라 내고 먹기 좋은 크기
   로 등분하고 당근은 채 썬다.
2. 끓는 물에 청경채와 당근을 넣어 데친 후 찬
   물에 헹궈 물기를 꼭 짠다.
3. 볼에 2의 재료를 넣고 된장과 들기름, 깨소
   금을 넣고 버무린다.

직접 만든 조선된장을 사용하면 더욱 깊은
맛을 낼 수 있어요.

해산물을 싫어해요 2

새우달걀찜
가지파프리카볶음

해산물을 싫어해도 새우는 잘 먹는 아이들이 많습니다. 아이들에게 친숙한 해산물인 새우를 달걀찜에 넣어 감칠맛을 더하고 단호박으로 부족한 영양을 보충했습니다. 또한, 새우달걀찜과 함께 가지와 파프리카로 색깔과 맛을 더한 가지파프리카볶음을 곁들였습니다.

186

아이와 함께하는 미각 교육

당근밥(26p)

들깨미역두부떡국(31p)

새우달걀찜

가지파프리카볶음

새우달걀찜에서 고소하고 담백한 새우 살을 찾아보는 놀이를 해 봅니다. 보라색 가지에 청파프리카와 홍파프리카가 섞인 가지파프리카볶음으로 다양한 색깔의 채소를 익히고 맛봅니다.

새우달걀찜 미각 교육

1단계 관찰하기

🙂 달걀찜을 보면 어떤 게 생각나니?

😊 노란색 바다 같아요. 노란 물감을 풀어 놓은 것 같아요.

2단계 냄새 맡고 만져 보기

🙂 달걀찜을 손으로 만져 보면 어떤 느낌이니?

😊 부드럽고 촉촉해요. 그 안에 동그란 뭔가가 있어요.

3단계 맛보기

🙂 그건 새우 살이야. 달걀찜에 새우 살과 단호박을 넣었어.

😊 부드러운 달걀찜에 새우 살이 탱글탱글 씹혀요.

가지파프리카볶음 미각 교육

1단계 관찰하기

🙂 길쭉한 모양의 채소 친구들은 모두 몇 가지가 있을까?

😊 초록색, 빨간색, 보라색 모두 세 가지요.

2단계 냄새 맡고 만져 보기

🙂 초록색과 붉은색은 파프리카이고, 보라색은 가지란다. 모두 만져 보고 냄새 맡아 보렴.

😊 붉은색 파프리카는 매울 것 같아요.

3단계 맛보기

🙂 한번 먹어 볼까? 같이 먹어 봐도 좋단다.

😊 붉은색 파프리카도 맵지 않아요. 가지는 물컹거리고 부드러워요.

새우달걀찜

재료

단호박 100g, 새우 살 1/4컵, 다시마 물(또는 우유) 3큰술, 달걀 2개, 소금 약간

만드는 법

1. 단호박은 끓는 물에 삶아 껍질을 벗긴 후 으깨고 새우 살은 잘게 다진다.
2. 볼에 달걀을 풀어 으깬 단호박과 우유, 소금을 넣고 잘 섞는다.
3. 볼에 2의 달걀물을 체에 받쳐 거른 후 1의 다진 새우 살을 넣는다.
4. 3의 달걀물을 중탕으로 10분간 익힌다.

새우 살 대신 지리멸치 또는 밥새우를 넣어도 좋아요.

가지파프리카볶음

재료

가지 50g, 청파프리카 20g, 홍파프리카 20g,
다시마 물 1/4컵, 순한간장 1작은술,
현미유 1큰술, 참기름 · 깨소금 1/2작은술씩

만드는 법

1. 가지와 파프리카는 채 썬다.
2. 팬에 현미유를 두르고 가지와 파프리카를
   볶는다.
3. 2의 채소가 어느 정도 익으면 다시마 물과
   순한간장을 넣어 부드럽게 익힌 후 참기름
   과 깨소금을 넣는다.

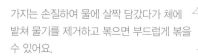

가지는 손질하여 물에 살짝 담갔다가 체에
받쳐 물기를 제거하고 볶으면 부드럽게 볶을
수 있어요.

맛있는 채소 사람

아이들이 주머니 속에 손을 넣어 그 안에 있는 재료의 촉감을 느껴보며 재료를 알아 가는 활동
입니다. 아이는 여러 가지 감각을 활용해 다양한 채소를 탐색하고 채소와 가까워지는 시간을
통해 각 재료의 특징을 더욱 잘 이해할 수 있습니다. 이 활동으로 아이들은 좋아하지 않는 채소
도 익숙해지고 친숙해지면서 점차 먹어 보고 싶은 마음을 갖게 됩니다.

【재료 알아보기】

재료

다양한 촉감과 특징의 채소 3~4종류(무, 파프리카, 당근, 셀러리 등), 순한된장드레싱(25p 참고)

도구

주머니 1개, 도마, 칼(아이용)

1. 속이 보이지 않는 주머니에 준비된 채소를 넣어 줍니다.
2. 아이가 주머니 안에 손을 넣고 자유롭게 채소를 만져 봅니다.
3. 만져 보기가 끝나면 아이에게 주머니 속 재료를 만져 본 느낌이 어떤지 물어봅니다. 느낌이 좋다면 어떤 점이 좋은지, 싫다면 어떤 점이 싫은지 질문합니다.
4. 손으로 느껴지는 재료의 형태, 온도, 단단한 정도, 촉감 등 재료의 특징에 대해 알아봅니다.
5. 만져 본 것 중에 가장 촉감이 좋은 것은 어떤 것인지 고르고, 그 안에 든 재료는 어떤 것일지 맞혀 보는 놀이를 합니다.
6. 이야기가 끝나면 주머니 속 재료를 하나씩 꺼내 공개하면서 아이들이 생각했던 재료와 일치하는지 확인해 봅니다. 각 재료명과 오감을 통해 본 재료의 특징에 관해 이야기해 줍니다. 이때 아이가 먹고 싶어 하는 재료는 자유롭게 맛볼 수 있도록 합니다.

【맛있는 채소 사람 만들기】

1. 촉감 놀이에 활용했던 다양한 채소를 준비하고 아이에게 준비된 재료로 자신이 가장 좋아하는 사람을 만들어 보게 합니다.
2. 원하는 재료를 다양한 모양으로 썰어 자유롭게 사람을 만들고 장식합니다.
3. 완성된 채소 사람에 대해 함께 이야기를 나눈 후, 순한된장드레싱을 곁들여 맛보는 시간을 갖습니다.

◎주의해 주세요

촉감 놀이를 할 때, 아이가 좋아하지 않는 재료 한두 가지(파프리카, 앤다이브, 셀러리 등)를 섞어서 진행해 봅니다. 그러면 놀이 활동을 하면서 좋아하지 않는 재료와도 친숙해져서 맛보기를 시도할 확률이 높아집니다.

새로운 토핑 가득 피자

오감을 활용하여 친숙하지 않은 새로운 음식을 맛보고 자신이 선호하는 음식에 대해 알아보는 활동입니다. 이 활동을 통해 새로운 음식을 경험해 보고, 친숙하지 않은 음식은 아이가 어느 정도까지 받아들이는지 살펴볼 수 있습니다. 아이들에게는 오감으로 음식을 맛보는 활동을 통해 새로운 음식을 긍정적으로 받아들이고, 음식 본연의 맛을 느낄 수 있는 좋은 경험이 됩니다.

【재료 알아보기】

재료

생소한 채소나 과일 4~5가지, 아기치즈 1장, 토르티야 피 1장, 순한케첩(25p 참고)

도구

접시 1개, 도마 1개, 칼 2개(부모용과 아이용)

1. 아이들이 한번도 접해 보지 못한 재료를 준비합니다. 예를 들면 콜리플라워, 아스파라거스, 비트, 용과, 아보카도 등 익숙하지 않은 과일이나 채소의 원재료와 익힌 재료를 준비하여 아이들이 오감을 활용하여 재료를 탐색할 수 있는 시간을 충분히 줍니다.
2. 충분히 재료를 탐색한 후에 준비한 음식 재료를 차례대로 보여 주며 이름을 알려 주고 특징과 맛, 어떤 요리에 활용이 되는지 등을 알려 줍니다.
3. 다시 한번 아이들은 재료를 하나씩 만져 보며 오감을 이용하여 재료를 차례대로 관찰하고 맛을 봅니다. 그런 후 느낀 점을 표현해 보게 합니다.

【새로운 토핑 가득 피자 만들기】

1. 오늘 처음 만난 재료로 토핑을 만들 것이라고 알려 줍니다. 그리고 재료를 피자 토핑에 알맞게 먹기 좋은 크기로 썰고 치즈도 잘게 썰어 줍니다.
2. 토르티야 피에 순한케첩을 골고루 바릅니다.
3. 2의 토르티야 피 위에 준비된 다양한 토핑 재료를 골고루 얹어 줍니다.
4. 3의 토핑 위에 치즈를 얹은 후 팬에 올리고 뚜껑을 덮어 노릇하게 구워 냅니다.
5. 완성된 피자를 먹기 좋은 크기로 썰어서 아이와 함께 맛을 봅니다. 맛이 어떤지 이야기해 보고 오감 놀이에서 접해 본 재료의 이름과 특징에 대해 다시 한 번 설명합니다.

◎주의해 주세요

피자 토핑 재료는 아이에게 익숙하지 않은 새로운 재료로 준비하도록 합니다. 또한, 조리가 필요한 재료는 미리 익혀서 준비하여 아이가 놀이 활동에 집중할 수 있도록 합니다.

4장

아이 증상별
레시피 해결책

키가 작거나, 아토피 및 알레르기가 있는 아이들, 빈혈이 있거나 면역력이 유난히 약한 아이들은 먹는 것 하나하나 많은 관심과 정성이 필요합니다. 이번 장에서는 아이의 증상별로 꼭 필요한 영양소를 고루 섭취할 수 있게 엄선해 식단을 구성했습니다. 또한, 변비 및 설사가 있는 아이를 위해서는 프룬을, 빈혈 예방을 위해서는 육류와 달걀노른자, 우유 등을, 면역력을 강화하기 위해 제철 채소와 과일 그리고 오방색이 깃든 음식을 활용해 아이의 오장육부를 튼튼하게 하는 레시피를 다루었습니다. 미각 교육과 함께하는 영양 만점 식사는 아이들이 인스턴트 음식을 피하고 건강한 식생활에 익숙해질 수 있게 도와줍니다.

갈치크로켓
그린빈스당근무침

갈치에는 필수아미노산이 고루 함유되어 있어 어린이의 성장 발육에 좋습니다. 갈치 특유의 냄새에 예민한 아이들은 굽는 조리법에서 벗어나 갈치 순살로 크로켓을 만들어 주면 잘 먹습니다. 씹히는 식감이 매력적인 그린빈스를 된장드레싱에 버무려 더욱 건강한 식단을 완성했습니다.

아이와 함께하는 미각 교육

잡곡밥(27p)

토마토채소수프(30p)

갈치크로켓

그린빈스당근무침

노릇노릇하게 튀겨 먹음직스러운 한 입 크기의 갈치크로켓과 초록색, 주황색의 맛깔스러운 재료에 된장 드레싱의 고소함을 더한 그린빈스당근무침 그리고 붉은색 토마토가 들어가 아이의 식욕을 자극하는 토마토채소수프를 통해 음식을 눈과 코와 손으로 맛보는 방법을 알려 줍니다.

갈치크로켓 미각 교육

1단계 관찰하기
- 크로켓은 어떤 모양일까?
- 동글동글 길쭉한 모양이에요.

2단계 냄새 맡고 만져 보기
- 크로켓을 손으로 만져 보면 어떤 느낌일까?
- 바삭바삭해요. 거칠거칠해요.

3단계 맛보기
- 크로켓 안에 어떤 재료들이 들어 있는지 먹어 볼까?
- 고소한 생선살이 부드럽게 씹혀요.

그린빈스당근무침 미각 교육

1단계 관찰하기
- 길쭉한 모양의 재료들을 한번 살펴볼까?
- 주황색 당근이 있고, 초록색은 처음 봐요.

2단계 냄새 맡고 만져 보기
- 초록색 재료의 냄새를 맡아 보렴.
- 고소한 냄새도 나고 풀 냄새도 나요.

3단계 맛보기
- 초록색 재료는 그린빈스라는 콩이야. 한번 먹어 볼래?
- 사각사각 씹혀요.

갈치크로켓

재료

갈치(순살) 50g, 고구마 70g, 양파 20g, 당근
20g, 애호박 20g, 우유 1/4컵, 현미유 1/4컵,
소금 · 후추 약간씩
크로켓 반죽 우리통밀가루 3큰술, 달걀물
3큰술, 빵가루 1/4컵

만드는 법

1. 갈치 살은 우유에 30분 가량 재워 비린내를
   없애고, 키친타올로 수분을 제거한 후 다진
   다.
2. 고구마는 끓는 물에 삶아 껍질을 벗겨 으깨
   고 모든 채소는 잘게 다진다.
3. 볼에 1과 2의 재료를 넣고 소금과 후추로 밑
   간하여 잘 섞은 후 한 입 크기로 빚는다.
4. 3의 재료를 '밀가루–달걀물–빵가루' 순으로
   묻혀서 현미유를 넣고 달군 팬에 중불로 지
   진다.

뼈와 가시가 제거된 갈치 순살은 시중에서
구입할 수 있어요. 고등어 살을 활용해도
좋으며, 카레 가루를 살짝 넣으면 비린내를
잡아 줘요.

그린빈스당근무침

재료
그린빈스 10줄기, 당근 10g,
순한된장드레싱 2작은술

만드는 법

1. 그린빈스는 먹기 좋게 등분하고 당근은 곱게 채 썬다.

2. 끓는 물에 그린빈스와 당근을 넣어 각각 데친 후 물기를 제거한다.

3. 볼에 2의 재료를 담고 순한된장드레싱에 버무린다.

그린빈스를 구하기 어렵다면
아스파라거스를 사용해도 좋아요.

게살애호박전
브로콜리달걀샐러드

키가 작은 아이에게는 성장에 도움이 되는 양질의 단백질로 영양을 충분히 보충해 줘야 합니다.
게살애호박전과 칼슘이 풍부한 완전식품인 달걀을 넣어 만든 브로콜리달걀샐러드는 아이들이
좋아하는 달걀을 활용한 요리로 맛있는 영양 식단입니다.

아이와 함께하는 미각 교육

우유밥(26p)

된장채소국(28p)

게살애호박전

브로콜리달걀샐러드

동글동글 부드러운 게살애호박전에 어떤 재료가 들어갔는지 맛을 보며 알아맞히는 놀이를 해 봅니다. 또한, 형형색색의 건강한 재료를 더한 브로콜리달걀샐러드에서 자신이 좋아하는 색의 음식을 골라 먹는 놀이를 통해 재미있고 즐거운 식사 시간을 만들어 봅니다.

게살애호박전 미각 교육

1단계 관찰하기
- 동그란 모양의 전에는 어떤 색깔들이 보이니?
- 초록색, 빨간색, 노란색이요!

2단계 냄새 맡고 만져 보기
- 동그란 전을 만져 보고 냄새를 맡아 볼래?
- 보들보들해요. 따뜻해요. 달걀 냄새가 나요.

3단계 맛보기
- 어떤 재료의 맛이 느껴지는지 먹어 보고 알려 줄래?
- 내가 좋아하는 게살이요. 애호박도 있어요!

브로콜리달걀샐러드 미각 교육

1단계 관찰하기
- 알록달록 초록색, 흰색, 빨간색 ,노란색 재료가 있네?
- 나무같이 생긴 브로콜리! 달걀이랑 토마토도 있어요.

2단계 냄새 맡고 만져 보기
- 익힌 브로콜리를 만져 볼래?
- 꽃 같아요! 부드러워요.

3단계 맛보기
- 여러 가지 재료를 같이 먹어 보면 어떤 맛일까?
- 고소하고 토마토가 입안에서 톡 터지기도 해요.

게살애호박전

재료

대게 살(냉동) 60g, 애호박 20g, 달걀 1개,
현미유 1큰술

만드는 법

1. 애호박은 곱게 채 썰고 대게 살은 먹기 좋게
   손으로 찢는다.
2. 볼에 1의 재료를 넣고 달걀을 잘 풀어 섞는
   다.
3. 팬에 현미유를 두르고 2를 숟가락으로 한 스
   푼씩 떠 넣어 지진다.

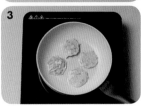

냉동 대게 살은 해동 후 물기를 제거해야
하며, 게살에 간이 되어 있어 별도의 간을
하지 않아도 돼요.

브로콜리
달걀샐러드

재료

브로콜리 20g, 달걀 1개, 방울토마토 2개,
혼합 견과류 1작은술, 유기농 마요네즈 1큰술,
꿀 1작은술, 소금 약간

만드는 법

1. 달걀은 찬물에 넣어 15분간 삶아 완숙으로
   익힌 다음 껍질을 벗긴 후 포크로 으깬다.

2. 끓는 물에 브로콜리와 방울토마토를 넣어
   각각 데친 후 건진다.

3. 브로콜리는 한 입 크기로 썰고 방울토마토
   는 껍질을 벗겨 잘게 썬다. 혼합 견과류는 잘
   게 썬다.

4. 볼에 모든 재료를 담고 유기농 마요네즈와
   꿀, 소금을 넣어 버무린다.

브로콜리달걀샐러드를 식빵 사이에 넣으면
맛 좋은 샌드위치가 돼요.

변비 혹은 설사를 해요 1

렌틸콩카레
김치연두부

미국 헬스지에서 선정한 세계 5대 슈퍼 푸드 중 하나인 렌틸콩은 섬유질이 풍부하여 변비에 좋고 소화를 도와줍니다. 렌틸콩과 사과를 넣어 맛을 낸 렌틸콩카레와 소화 흡수가 잘되는 연두부 그리고 장 건강에 좋은 김치를 넣은 요리로 아이의 입맛과 장 건강을 모두 챙겨 보았습니다.

아이와 함께하는 미각 교육

당근밥(26p)

닭고기쌀국수탕(29p)

렌틸콩카레

김치연두부

노란 빛깔과 아기자기한 네모 모양이 너무나도 앙증맞은 렌틸콩카레의 색깔과 모양에 대해 이야기해 봅니다. 하얀 연두부 위에 김치가 앉아 있는 김치연두부를 먹으며 연두부와 일반 두부를 비교해 촉감 놀이를 해 봐도 좋습니다.

렌틸콩카레 미각 교육

1단계 관찰하기

😊 노란 카레 속에 어떤 모양의 재료가 보이니?

🙂 네모, 동그라미요!

😊 모양이 일정하지 않은 돼지고기도 들어 있단다.

2단계 냄새 맡고 만져 보기

😊 맛있는 요리에는 맛있는 냄새가 나지. 이 요리는 무슨 냄새가 날까?

🙂 맛있는 카레 냄새가 나는 것 같아요.

3단계 맛보기

😊 노란 빛깔의 카레가 어떤 맛일지 먹어 볼까?

🙂 카레 안에 여러 재료가 사각사각 물컹물컹 씹혀요.

김치연두부 미각 교육

1단계 관찰하기

😊 둥글둥글 이 하얀 재료는 무엇일까?

🙂 두부 같아요!

😊 두부인데 부드러운 연두부란다.

2단계 냄새 맡고 만져 보기

😊 어떤 느낌인지 손으로 만져 볼까?

🙂 보들보들 몽실몽실 부드러워요.

3단계 맛보기

😊 위에는 맛있게 양념한 김치를 얹었는데, 같이 먹어 보면 어떤 맛일까?

🙂 두부는 부드럽고 김치는 사각사각해서 같이 먹으니 맛있어요.

렌틸콩카레

재료

간 돼지고기 60g, 렌틸콩 3큰술, 단호박 50g,
양파 40g, 사과 30g, 감자 30g, 다시마채소
육수(또는 물) 1과 1/2컵, 카레 가루 2큰술,
기버터(정제 버터) 1작은술
고기 양념 순한간장 · 청주 1작은술씩, 후추 약간

만드는 법

1. 모든 채소와 사과는 네모지게 썬다.
2. 돼지고기는 고기 양념으로 밑간한다.
3. 냄비에 기버터를 두르고 양파를 볶다가 감
   자와 단호박을 넣어 익히고, 마지막으로 돼
   지고기를 넣고 볶는다.
4. 3의 냄비에 카레 가루를 넣고 잘 볶은 후, 다
   시마채소육수와 렌틸콩, 사과를 넣고 푹 끓
   인다.

푸른 렌틸콩은 단단해서 불려서 사용해야
하고, 주황색 렌틸콩은 바로 조리할 수 있어
편리해요.

김치연두부

재료
연두부 100g, 김치 30g, 현미유 1작은술,
참기름 · 깨소금 1/2작은술씩
양념장 순한어간장 1/2작은술, 물 1/4컵,
참기름 · 깨소금 1/2작은술씩

만드는 법

1. 김치는 물에 담갔다가 씻어서 물기를 꼭 짠
   후 잘게 썬다.
2. 팬에 현미유를 두르고 1의 김치를 볶다가 참
   기름과 깨소금을 넣는다.
3. 끓는 물에 연두부를 살짝 데쳐서 건져 두고,
   볼에 분량의 재료를 섞어 양념장을 만든다.
4. 데친 연두부 위에 볶은 김치를 얹고 3의 양
   념장을 끼얹는다.

연두부를 순두부로 대체해도 좋아요.
김치를 싫어한다면 당근, 오이 등의 채소를
볶아서 활용해도 돼요.

프룬돼지고기구이
콜라비사과생채

서양 자두를 말린 프룬은 장 건강에 좋은 식이섬유가 풍부하여 변비 예방과 치료에 아주 좋습니다. 프룬으로 소스를 만들어 돼지고기에 곁들이고 식이섬유가 풍부한 콜라비와 사과로 만든 생채를 반찬으로 한다면 아이의 장 건강에 더없이 좋은 식단이 완성됩니다.

아이와 함께하는 미각 교육

허니버터 간장밥(27p)

대구채소맑은국(29p)

프룬돼지고기구이

콜라비사과생채

아이들에게 프룬은 낯설고 새로운 음식일 수 있습니다. 프룬은 서양 자두를 말린 것으로, 과일을 말리면 단맛이 증가한다는 것을 알려 줍니다. 서양 자두와 우리나라 자두의 차이점을 알아보는 것도 좋습니다. 이름과 색깔이 예쁜 콜라비도 다양한 시각적 미각 교육을 실시하기 아주 좋은 재료입니다.

프룬돼지고기구이 미각 교육

1단계 관찰하기

🙂 노릇노릇 갈색이 나는 이건 무엇일까?

🙂 고기 같아요! 근데 위에 소스가 있네요.

2단계 냄새 맡고 만져 보기

🙂 어떤 냄새가 나는지 맡아 보고 알려 줄래?

🙂 달콤한 냄새 그리고 고기 냄새도 나요.

3단계 맛보기

🙂 고기에 곁들인 소스를 한번 맛볼래?

🙂 달콤해요. 이거 무슨 소스예요?

🙂 말린 자두로 만든 소스야. 달콤하고 상큼하지?

콜라비사과생채 미각 교육

1단계 관찰하기

🙂 길쭉하고 가느다란 모양의 이 재료들은 무엇일까?

🙂 사과가 있어요! 껍질도요!

2단계 냄새 맡고 만져 보기

🙂 사과를 갈면 과육향이 더 풍부해진단다.

🙂 사과 향이 좋아요. 근데 옆에 있는 것은 뭐예요?

3단계 맛보기

🙂 이건 콜라비라고 하는 건데 무랑 비슷한 맛이야. 한번 먹어 볼래?

🙂 마치 무 같기도 하고 사과 같기도 해요.

프룬돼지고기구이

재료

돼지고기(불고기감) 80g, 다진 마늘 · 청주
1/2작은술씩, 후추 약간
프룬 소스(1/4컵 분량) 프룬 30g, 다시마채소
육수(또는 물) 1/2컵, 순한간장 · 유기쌀 조청
1/2작은술씩

만드는 법

1. 프룬은 잘게 썰고 돼지고기는 먹기 좋게 썰
   어 다진 마늘, 청주와 후추로 밑간한다.
2. 팬에 현미유를 두르고 1의 돼지고기를 볶은
   후 덜어 놓는다.
3. 2의 팬에 분량의 프룬 소스 재료를 넣고 중
   불에서 5분간 끓인 다음, 2의 고기를 넣어
   촉촉하게 볶는다.

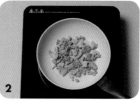

변비에 탁월한 효과가 있는 프룬은 간식처럼
그냥 먹어도 좋아요.

콜라비사과생채

재료
콜라비 60g, 사과 50g, 매실청 1작은술

만드는 법

1. 콜라비는 껍질을 벗기고 사과는 껍질째 치즈그레이터에 갈아 준비한다.
2. 볼에 1의 재료를 담고 매실청으로 버무린다.

치즈그레이터가 없다면, 강판을 이용해도 좋아요. 또한, 칼로 곱게 채를 썰어 사용할 수도 있어요.

낫토간장무침
돌나물잣사과샐러드

낫토는 발효식품으로 아토피, 당뇨, 비만 등에 도움을 주며 장 건강에 좋은 음식입니다. 낫토를 우리 발효식품인 간장에 무친 낫토간장무침은 된장국을 먹는 아이라면 거부감 없이 먹을 수 있는 요리입니다. 여기에 봄기운 가득한 돌나물잣사과샐러드를 곁들이면 한층 더 건강한 아이 밥상이 완성됩니다.

아이와 함께하는 미각 교육

우유밥(26p)

닭고기쌀국수탕(29p)

낫토간장무침

돌나물잣사과샐러드

콩과 비슷한 모습의 낫토는 냄새가 독특하고 숟가락으로 들면 실타래처럼 쭉 늘어지는 모습이 특징입니다. 아이들에게 다양한 방법으로 낫토를 경험하게 하여 새로운 음식에 대한 거부감을 줄여 줍니다. 또한, 돌나물의 향과 모양 등도 관찰하며 맛에 관해서도 이야기해 봅니다.

낫토간장무침 미각 교육

1단계 관찰하기

- 이건 낫토라고 일본에서 온 음식이야.
- 된장 같아 보여요.

2단계 냄새 맡고 만져 보기

- 냄새도 독특하고 생김새도 독특하지?
- 구수한 냄새가 나요. 숟가락으로 떠 보니 실들이 쭉 늘어나요.

3단계 맛보기

- 건강에 아주 좋은 낫토를 시금치, 토마토와 함께 먹으면 어떨까?
- 그럼 두 배로 건강해지겠네요? 콩이 더 맛있어졌어요!

돌나물잣사과샐러드 미각 교육

1단계 관찰하기

- 알록달록 재료들이 소스에 덮여 있네!
- 하얀 눈이 내린 것 같아요.

2단계 냄새 맡고 만져 보기

- 하얀색 소스의 냄새를 맡아 볼래?
- 상큼한 냄새가 나요.
- 요거트에 유자로 만든 과일청을 넣은 거란다.

3단계 맛보기

- 돌나물은 채소이고, 사과는 과일인데 이 둘을 같이 먹으면 어떤 맛일까?
- 돌나물과 사과가 사각사각 씹혀서 상큼해요!

낫토간장무침

재료

낫토 20g(2큰술), 시금치 30g,
토마토 50g(1/2개)

무침 양념 순한간장 · 참기름 · 깨소금
1/2작은술씩

만드는 법

1. 시금치는 밑동을 제거하고 토마토는 열십자
   로 칼집을 넣어 각각 끓는 물에 데친다.

2. 시금치는 잘게 썰고 토마토는 껍질을 벗겨
   썬다.

3. 볼에 2의 재료와 낫토를 넣고 분량대로 섞은
   후 무침 양념을 넣어 골고루 버무린다.

낫토에 거부감이 있는 아이라면 잘게 다져서
각종 요리에 활용해 보세요.

돌나물
잣사과샐러드

재료

돌나물 50g, 사과 40g
드레싱 요거트 4큰술, 유자청 1큰술,
잣 1작은술, 소금 약간

만드는 법

1. 돌나물은 씻어서 먹기 좋은 크기로 자르고,
   사과는 껍질째 채 썰고 잣은 곱게 다진다.
2. 볼에 분량의 드레싱 재료를 넣어 섞는다.
3. 접시에 돌나물과 채 썬 사과를 담고 드레싱
   을 끼얹어 버무린다.

돌나물을 구하기 힘든 계절에는 로메인
상추나 양상추를 넣어 사각사각 씹히는 맛을
더해 주면 좋아요.

아토피 혹은 알레르기가 있어요 2

단감소스닭구이
양송이치즈볶음

아토피나 식품 알레르기가 있는 아이들에게는 인스턴트나 가공식품을 피하고 천연재료를 이용한 음식을 만들어 주어야 합니다. 과일로 소스를 만든 단감소스닭구이에 치즈를 넣어 고소한 맛을 더한 양송이치즈볶음과 된장채소국을 곁들이면 아이들이 맛있게 먹을 수 있는 건강한 식단이 완성됩니다.

아이와 함께하는 미각 교육

잡곡밥(27p)

된장채소국(28p)

단감소스닭구이

양송이치즈볶음

속이 샛노란 단호박은 아이들이 좋아하는 음식입니다. 단호박을 이용해 핼러윈 호박을 만들어 보는 등 다양한 활동을 겸한다면 맛 좋고 영양 많은 단호박이 들어간 음식을 더욱 좋아하게 됩니다. 아이들은 직접 만져 보고 요리해본 음식을 더 선호하고 잘 먹을 수 있습니다.

단감소스닭구이 미각 교육

1단계 관찰하기

🙂 노란 빛깔의 단호박과 노릇노릇 구워진 닭고기는 어떤 모양이니?

🙂 납작한 모양이에요. 모두 납작해요!

2단계 냄새 맡고 만져 보기

🙂 어떤 촉감이 느껴지는지 손으로 만져 볼까?

🙂 단호박은 부드럽고 매끈해요. 닭고기는 뻣뻣해요.

3단계 맛보기

🙂 단호박과 닭고기를 소스와 함께 먹어 보면 또 새로운 맛이 날거야.

🙂 우와! 단호박과 닭고기를 소스와 같이 먹으니까 촉촉하고 더 맛있어요.

양송이치즈볶음 미각 교육

1단계 관찰하기

🙂 짙은 색깔의 이 요리에는 어떤 재료들이 들어 있을까?

🙂 검은색이랑 흰색 재료가 보여요.

2단계 냄새 맡고 만져 보기

🙂 음식에 치즈를 넣으면 어떤 냄새가 날까?

🙂 고소한 치즈 냄새가 더 강해져요.

3단계 맛보기

🙂 치즈가 녹아내린 버섯볶음은 어떤 맛일지 궁금한데?

🙂 치즈 맛이 나는 버섯이에요!

단감소스닭구이

재료
닭고기(안심) 80g, 단호박 50g, 청주 1작은술,
현미유 1작은술, 소금 · 후추 약간씩
단감 소스 단감 1/4개, 마요네즈 1큰술,
미소된장 1/2작은술, 참기름 · 깨소금
1/2작은술씩

만드는 법
1. 닭고기는 먹기 좋은 크기로 잘라 소금, 후추
   로 양념하고, 단호박은 껍질째 얇게 썰고 단
   감은 큼직하게 썬다.
2. 팬에 현미유를 두르고 단호박과 닭고기를
   잘 익힌다.
3. 믹서에 분량의 단감 소스 재료를 넣고 곱게
   간다.
4. 2의 닭고기와 단호박 구이 위에 3의 단감 소
   스를 곁들인다.

단감처럼 제철과일로 소스를 만들어 요리에
활용하면 더욱 건강한 한 끼를 만들 수
있어요.

양송이치즈볶음

재료

양송이버섯 4개, 양파 30g, 아기치즈 1장,
우유 1/4컵, 현미유 1작은술, 소금 · 후추 약간씩

만드는 법

1. 양송이버섯은 기둥을 제거한 후 먹기 좋게
   자르고 양파는 잘게 썬다.
2. 팬에 현미유를 두르고 양파를 볶다가 양송
   이버섯을 넣고 익힌 후 소금과 후추로 간한
   다.
3. 2의 재료가 익으면 우유와 아기치즈를 넣고
   약불에서 잘 저어 가며 끓인다.

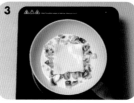

치즈는 연령별, 단계별로 판매하는
아기치즈를 활용했어요.

쇠고기구이과일살사
달걀프리타타

쇠고기, 달걀노른자, 아보카도는 철분이 부족한 아이들에게 도움이 되는 음식입니다. 과일살사를 곁들인 쇠고기구이에 달걀노른자를 활용해 철분을 보충한 달걀프리타타는 빈혈이 있는 아이에게 좋은 맞춤형 식단입니다.

아이와 함께하는 미각 교육

당근밥(26p)

양송이감자수프(31p)

쇠고기구이과일살사

달걀프리타타

알록달록 오색 재료가 가득한 과일로 만든 살사를 곁들인 쇠고기구이에 피자 모양의 달걀프리타타로 아이의 시각을 자극하고 오감을 활용한 미각 교육을 시도합니다. 달걀프리타타처럼 달걀 요리는 아주 다양하며 여러 가지 요리를 만들 수 있다는 것을 알려 주고, 아이들이 좋아하는 재료나 토핑을 추가해 보는 것도 좋습니다.

쇠고기구이과일살사 미각 교육

1단계 관찰하기

- 알록달록 여러 재료가 섞여 있네?
- 쇠고기랑 방울토마토, 나머지 재료는 뭐예요?
- 푸른색 오이랑 아보카도 그리고 사과가 들어 있단다.

2단계 냄새 맡고 만져 보기

- 여러 재료가 섞였는데 어떤 향이 날까?
- 과일 향과 고기 냄새가 나요!

3단계 맛보기

- 고기와 여러 채소랑 과일을 함께 맛볼까?
- 고기는 쫄깃쫄깃, 채소는 아삭아삭, 방울토마토는 물컹물컹해요.

달걀프리타타 미각 교육

1단계 관찰하기

- 동그란 모양의 이건 무엇일까?
- 피자 같아요. 노란색 피자!

2단계 냄새 맡고 만져 보기

- 마치 피자 같은 이건 프리타타라고 해. 한번 만져 볼래?
- 겉이 촉촉하기도 하고 매끈해요. 빵 냄새가 나요!

3단계 맛보기

- 달걀노른자를 빵에 적셔서 구운 프리타타는 어떤 맛일까?
- 빵 피자예요! 고소하면서 토마토가 촉촉해요.

쇠고기구이 과일살사

재료
쇠고기(등심) 80g, 사과 20g, 아보카도 1/6개,
오이 10g, 방울토마토 2개, 현미유 1작은술,
소금 · 후추 약간씩
과일살사 양념 순한간장 1/2작은술, 식초
1/2작은술, 참기름 · 깨소금 약간씩

만드는 법
1. 쇠고기는 한 입 크기로 썰어 소금과 후추로
   밑간한다.
2. 사과, 아보카도, 오이, 방울토마토는 모두 네
   모지게 썬다.
3. 볼에 2의 재료를 담고 분량의 과일살사 양념
   을 넣어 버무린다.
4. 팬에 현미유를 두르고 쇠고기를 익힌 후 3의
   과일살사를 곁들인다.

남은 과일살사는 바게트 빵이나 크래커 등에
얹어 먹어도 맛이 좋아요.

달걀프리타타

재료

달걀노른자 1개, 우리통밀식빵 1/2장,
시금치 20g, 방울토마토 1개, 양송이버섯 1개,
아기치즈 1장, 우유 1/4컵, 현미유 1작은술,
참기름 · 깨소금 약간씩

만드는 법

1. 끓는 물에 방울토마토와 시금치를 넣어 각
   각 데친 후 시금치는 찬물에 헹궈 물기를 짠
   다음 깨소금과 참기름에 버무린다.
2. 우리통밀식빵은 네모지게 썰고 방울토마토
   는 껍질을 벗겨 등분하고 시금치, 양송이버
   섯과 아기치즈는 잘게 썬다.
3. 볼에 달걀노른자와 우유를 넣어 잘 섞은 후
   우리통밀식빵을 넣고 잘 젓는다.
4. 팬에 현미유를 두르고 3을 붓고 2의 재료를
   얹는다. 마지막에 아기치즈를 얹은 후 뚜껑
   을 덮고 약불에서 8분간 굽는다.

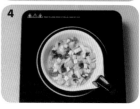

식빵이 없으면 달걀노른자를 푼 다음 우유를
넣고 촉촉하게 구워서 만들어도 좋아요.

빈혈이 있어요 2

바지락토마토찜
대추소스밤조림

바지락에는 헤모글로빈을 구성하는 철분이 많아서 빈혈이 있는 아이들에게 좋은 식품입니다.
바지락에 토마토 과즙을 풍부하게 넣은 바지락토마토찜과 대추와 밤을 조려 낸 대추소스밤조림은 철분
흡수를 도와주어 빈혈이 있는 아이에게는 더없이 좋은 식단입니다.

아이와 함께하는 미각 교육

우유밥(26p)

된장채소국(28p)

바지락토마토찜

대추소스밤조림

조개껍데기 안에 들어 있는 조갯살을 발라 먹는 재미가 있는 바지락토마토찜과 대추가 소스로 변신해 밤을 맛있게 만든 대추소스밤조림입니다. 바지락을 함께 먹어 보고 바다의 맛에 관해 이야기를 나누는 시간을 갖는다면 아이들이 해산물에 대해 긍정적인 이미지를 갖게 됩니다.

바지락토마토찜 미각 교육

1단계 관찰하기

🙂 이 조개 이름은 바지락이란다.

🙂 조개에도 다 이름이 있네요. 바지락, 이름이 재미있어요.

2단계 냄새 맡고 만져 보기

🙂 바지락은 어떤 냄새가 나는지 맡아 볼래?

🙂 바다에서 살아서 그런지 바다 냄새가 나요.

🙂 껍데기 속의 살은 촉촉하고 부드럽단다. 씹으면 쫄깃거리기도 하지.

3단계 맛보기

🙂 바다의 맛을 가진 바지락과 토마토가 만나면 어떤 맛을 낼까?

🙂 바다에 빠진 토마토 맛이요!

대추소스밤조림 미각 교육

1단계 관찰하기

🙂 동글동글 반달 모양의 이 열매는 밤이야.

🙂 마치 고구마 속과 비슷하게 생겼어요.

2단계 냄새 맡고 만져 보기

🙂 대추는 소스로 변신했네. 어떤 냄새가 날까?

🙂 달달한 냄새가 나요. 이게 대추 냄새인가 봐요.

3단계 맛보기

🙂 대추 소스랑 밤을 같이 먹어 볼까?

🙂 그냥 밤도 맛있는데 대추 소스랑 먹으니까 밤이 더욱 달달해졌어요.

바지락토마토찜

재료
바지락 12개, 토마토(소) 1/2개, 양파 30g, 청주
1/4컵, 다진 마늘 1/2작은술, 현미유 1작은술

만드는 법

1. 토마토는 열십자로 칼집을 넣어 끓는 물에
   넣고 살짝 데쳐 찬물에 헹궈 건진다.
2. 양파는 잘게 썰고 토마토는 껍질을 벗긴 후
   반으로 잘라 잘게 썬다.
3. 현미유를 두른 팬에 양파를 넣고 볶다가 다
   진 마늘과 토마토를 넣어 익힌다.
4. 3의 팬에 바지락과 청주를 넣고 뚜껑을 닫아
   바지락 조가비가 벌어질 때까지 익힌다.

바지락은 깨끗이 씻어서 소금물로 해감한 후
사용해요. 청주는 바지락의 비린내를 잡아
주는 역할을 해요.

대추소스밤조림

재료
밤 10알, 대추 5알, 물 1/2컵, 순한간장
1/2작은술, 참기름 · 깨소금 1/2작은술씩

만드는 법

1. 밤은 끓는 물에 삶은 후 한 입 크기로 썰고,
   대추는 포를 떠서 씨를 제거한다.
2. 냄비에 1의 포를 뜬 대추 과육과 물을 넣고
   푹 끓인다.
3. 믹서에 2의 재료를 넣고 곱게 갈아 체에 내
   린다.
4. 팬에 3의 소스와 밤을 넣고 조리다가 순한간
   장과 참기름, 깨소금을 넣는다.

같은 방법으로 감자나 고구마를 조려도 맛이
좋아요.

227

감기에 잘 걸려요 1

세발나물딸기무침
들깨애호박볶음

해풍을 맞고 자란 갯나물인 세발나물은 쓴맛이 없어 아이들을 위한 나물 반찬으로 좋고, 비타민C가 풍부해 감기 예방에도 효과적입니다. 세발나물에 딸기를 넣어 맛과 영양을 보충하고 오메가3지방산이 풍부한 들깻가루로 볶은 들깨애호박볶음을 반찬으로 구성한 식단은 아이의 면역력 증진을 돕습니다.

아이와 함께하는 미각 교육

당근밥(26p)

된장채소국(28p)

세발나물딸기무침

들깨애호박볶음

새빨간 딸기와 선명한 초록빛의 세발나물이 아이들의 눈길을 사로잡습니다. 버섯과 애호박 볶음에 들깻가루가 들어가 더욱 고소한 맛을 내는 들깨애호박볶음으로 아이의 오감을 자극해 보고 아이가 좋아하는 맛을 찾아봅니다.

세발나물딸기무침 미각 교육

1단계 관찰하기

이 초록색 나물의 이름은 세발나물이야.

이름이 특이해요. 가느다란게 마치 꽃 줄기 같아요.

2단계 냄새 맡고 만져 보기

세발나물을 한번 만져 보고 냄새도 맡아 보렴.

풀 냄새가 나요. 손으로 당겨 보니 질겨요.

3단계 맛보기

딸기는 과일이지만 나물과 같이 무쳐서도 먹을 수 있어.

딸기 맛이 나는 나물이라 정말 새콤달콤해요.

들깨애호박볶음 미각 교육

1단계 관찰하기

길쭉한 모양의 이 버섯 이름은 표고버섯이란다.

새송이버섯보다 키가 작아요.

2단계 냄새 맡고 만져 보기

들깻가루는 어떤 냄새가 나는지 맡아 볼래?

콩같이 구수한 냄새가 나요.

3단계 맛보기

표고버섯과 애호박을 들깻가루에 볶으면 어떤 맛일까?

표고버섯은 쫄깃하고 애호박은 물컹한데 들깻가루 때문에 고소해졌어요.

세발나물딸기무침

재료
세발나물 50g, 딸기 5개, 햄프시드 1작은술,
소금 약간

만드는 법

1. 끓는 물에 세발나물을 넣어 데친 다음 찬물
   에 헹군 후 체에 밭쳐 물기를 제거한다.
2. 데친 세발나물은 먹기 좋게 썰어 소금으로
   밑간하고, 딸기는 꼭지를 떼고 포크로 으깬
   다.
3. 볼에 2의 재료와 햄프시드를 넣고 골고루 버
   무린다.

딸기 대신 귤 즙을 내어 버무려도 맛이
좋아요.

들깨애호박볶음

재료
애호박 50g, 표고버섯 2개, 물 1/4컵,
들깻가루 1작은술, 순한간장 · 참기름(또는
들기름) · 깨소금 1/2작은술씩

만드는 법
1. 애호박과 표고버섯은 채 썬다.
2. 팬에 현미유를 두르고 표고버섯을 볶다가
   애호박을 넣어 익힌 후 물과 순한간장을 넣
   고 부드럽게 익힌다.
3. 2에 들깻가루와 참기름, 깨소금을 넣는다.

표고버섯은 물에 데쳐서 부드럽게 만들어
사용하면 아이들이 더욱 잘 먹어요.

감기에 잘 걸려요 2

고등어파스타
라따뚜이

고등어는 대표적인 등푸른 생선으로 성장기 어린이에게 꼭 필요한 단백질과 비타민D, 불포화지방산 등이 함유되어 있고, 셀레늄이 면역력을 높여 바이러스에 대한 저항력을 높여 주는 식품입니다. 고등어 살로 만든 파스타와 채소를 듬뿍 넣어 만든 라따뚜이로 아이들의 면역력을 더욱 키워 줍니다.

아이와 함께하는 미각 교육

제철 과일

양송이감자수프(31p)

고등어파스타

라따뚜이

집에서 흔히 해 먹는 고등어구이가 파스타로 변신합니다. 고등어파스타를 시작으로 파스타에 무엇을 넣어서 만들지에 대해 이야기를 나누며 요리에 대한 상상력과 창의력을 키워 주는 미각 교육을 진행합니다. 이름도 재미있는 라따뚜이 역시 아이들과 다양한 이야기를 나눌 수 있는 좋은 소재입니다.

고등어파스타 미각 교육

1단계 관찰하기

이 파스타에는 뭐가 들어 있을까?

생선과 호박이 보여요. 파스타(국수)에도 생선이 들어가서 신기해요.

2단계 냄새 맡고 만져 보기

우리 익힌 파스타(국수)를 한번 만져 볼까?

미끌미끌 손에서 미끄러져요.

3단계 맛보기

생선이 파스타를 만나면 더욱 새로워진단다.

내가 좋아하는 고등어와 국수를 한 번에 먹을 수 있어서 정말 좋아요.

라따뚜이 미각 교육

1단계 관찰하기

이 요리에 들어 있는 재료는 모두 어떤 모양일까?

모두 네모 모양이에요.

2단계 냄새 맡고 만져 보기

여러 재료가 들어갔는데 어떤 냄새가 날까?

토마토 냄새가 나요! 채소 냄새도 나고요!

3단계 맛보기

토마토가 들어갔는지 먹어 볼까?

토마토가 씹혀요. 스파게티와 맛이 비슷해요.

고등어파스타

재료

고등어(순살) 80g, 양파 30g, 애호박 30g,
유기농 파스타 면(링귀네) 30g, 올리브오일
3큰술
볶음 양념 면 삶은 물 1/4컵, 다진 마늘
1작은술, 순한어간장 1/2작은술

만드는 법

1. 끓는 물에 파스타 면을 넣고 12분 정도 푹
   익힌 후 건져 올리브오일 1큰술에 버무린다.
2. 양파, 애호박은 채 썬다.
3. 팬에 올리브유를 두르고 고등어 살을 앞뒤
   로 익힌 다음 식으면 손으로 잘게 찢는다.
4. 3의 팬에 채소를 볶다가 볶음 양념, 파스타
   면, 고등어 살을 모두 넣고 볶는다.

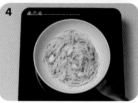

고등어 살을 구운 팬을 닦지 않고 바로
파스타를 만들면 고등어의 맛과 풍미가 더욱
살아나요.

라따뚜이

재료

간 쇠고기 50g, 양파 40g, 애호박 40g,
가지 30g, 토마토 1/2개, 현미유 약간
고기 양념 순한간장 · 다진 마늘 1/2작은술씩,
후추 약간
소스 쇠고기육수 1/4컵, 순한케첩 1/2컵,
유기쌀 조청 1작은술, 후추 약간

만드는 법

1. 간 쇠고기는 고기 양념으로 밑간한다.

2. 모든 채소는 잘게 썬다.

3. 팬에 현미유를 두르고 1의 쇠고기를 볶다가
   2의 채소를 넣고 볶는다.

4. 3의 냄비에 분량의 소스 재료를 함께 넣고
   푹 끓인다.

야외에 나갈 때는 라따뚜이에 미니 파스타를
넣고 식힌 후 파스타 샐러드로 즐겨 보세요.

바나나너트구이
단호박치즈매시

바나나는 식이섬유가 풍부하고 장내 독소 배출에 효과적인 식품으로 소화 기능 개선에 좋습니다.
견과류를 올린 바나나너트구이는 달콤하고 맛이 좋아 아이들 반찬이나 간식으로 활용해도 좋습니다.
여기에 소화흡수율이 높은 단호박으로 만든 단호박치즈매시를 곁들인다면 더욱 효과적입니다.

아이와 함께하는 미각 교육

제철 과일

토마토채소수프(30p)

바나나너트구이

단호박치즈매시

생으로 많이 먹는 바나나도 요리가 될 수 있다는 것을 보여 주는 바나나너트구이는 아이들과 함께 만들어도 좋을 만큼 간단하고 맛 좋은 음식입니다. 단호박치즈매시를 만들 때는 조금 큼직하게 썰어 아이에게 씹는 즐거움을 알려주는 것이 좋습니다.

바나나너트구이 미각 교육

1단계 관찰하기

😊 맛있게 구운 바나나는 무슨 색깔이니?

🙂 갈색이요! 맛있어 보여요!

2단계 냄새 맡고 만져 보기

😊 구운 바나나는 어떤 냄새가 날까?

🙂 설탕 냄새요! 빵 구운 냄새 같아요.

3단계 맛보기

😊 노릇하게 구워진 바나나는 어떤 맛일까?

🙂 그냥 바나나보다 더 부드럽고 달아요. 입안에서 사르르 녹아요.

단호박치즈매시 미각 교육

1단계 관찰하기

😊 노란 빛깔의 이 요리에는 어떤 재료가 들어 있을까?

🙂 노란색 단호박이요!

2단계 냄새 맡고 만져 보기

😊 여기에는 단호박과 사과, 당근 그리고 치즈가 들어 있어! 익힌 단호박을 만져 볼래?

🙂 부드럽고 촉촉해요.

3단계 맛보기

😊 만지면 부드러운데 먹었을 때도 부드러운지 맛볼까?

🙂 단호박은 부드럽고 사과는 사각사각해요.

바나나너트구이

재료

바나나 1개, 기버터(정제 버터) 1큰술, 슬라이스
아몬드 1/2큰술, 메이플 시럽(또는 꿀) 1작은술,
시나몬 가루 약간

만드는 법

1. 바나나는 크기에 따라 길이로 등분하고 슬
   라이스 아몬드는 잘게 썬다.
2. 팬에 기버터를 넣어 녹인 후 바나나를 넣고 양
   쪽 면을 고루 익히고 시나몬 가루를 살짝 뿌린
   다.
3. 접시에 2의 바나나를 담고 슬라이스 아몬드
   를 뿌린 후 메이플 시럽을 곁들인다.

아이스크림을 곁들이면 아이들이 정말
좋아하는 간식이 돼요.

단호박치즈매시

재료

단호박 120g, 당근 40g, 사과 30g,
아기치즈 1장

만드는 법

1. 단호박은 씨를 제거하여 등분하고 당근은 큼직하게 썰고, 사과는 껍질을 제거하고 잘게 썬다.
2. 끓는 물에 단호박과 당근을 넣고 부드럽게 익혀서 건져 낸 후 단호박은 껍질을 벗긴다.
3. 볼에 단호박과 당근을 넣고 포크로 곱게 으깬다.
4. 3의 재료가 뜨거울 때 사과와 아기치즈를 넣고 잘 섞는다.

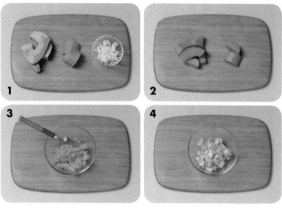

단호박치즈매시는 샌드위치의 속재료로
활용하거나, 치즈를 올려 살짝 녹인 후 함께
먹어도 맛있어요.

돼지고기청국장전 양배추된장무침

청국장은 소화가 잘되고 콩 단백질을 가장 효과적으로 섭취할 수 있는 방법 중 하나입니다. 돼지고기 또한 육질이 연하고 소화흡수가 잘 되어 소화가 어려운 아이들에게 좋은 음식입니다. 위 건강에 도움이 되는 양배추에 된장드레싱을 더해 고소한 양배추된장무침을 만들어 보았습니다.

아이와 함께하는 미각 교육

우유밥(26p)

대구맑은채소국(29p)

돼지고기청국장전

양배추된장무침

동그랗게 부친 돼지고기청국장전에 들어간 청국장과 양배추된장무침에 들어간 된장은 어떤 점이 비슷하고 어떤 점이 다른지 아이와 함께 알아봅니다. 청국장과 된장을 각각 조금씩 맛보고, 요리로 만들어졌을 때 어떻게 맛이 달라지는지도 알아보며 청국장과 된장의 차이를 이해합니다.

돼지고기청국장전 미각 교육

1단계 관찰하기

- 동글동글한 전을 반으로 자르면 어떤 모양이 될까?
- 반달 모양이 돼요!

2단계 냄새 맡고 만져 보기

- 초록색 부추와 주황색 당근이 쏙쏙 박혀 있는데 냄새를 맡아 볼까?
- 된장과 비슷한 냄새가 나요.

3단계 맛보기

- 돼지고기에 부추랑 당근 그리고 청국장이 들어갔는데, 여러 재료가 섞이면 어떤 맛일지 궁금하지 않니?
- 청국장은 냄새보다 요리로 먹으면 훨씬 맛이 좋아요.

양배추된장무침 미각 교육

1단계 관찰하기

- 길쭉하고 가느다란 모양의 재료는 무엇일까?
- 당근 같아요. 이건 잘 모르겠어요.
- 이건 옅은 연두색 빛깔의 양배추란다.

2단계 냄새 맡고 만져 보기

- 양배추랑 당근이 소스에 버무려져 있네? 어떤 소스인지 맞춰 볼래?
- 여기에서 고소한 된장 냄새가 나요.

3단계 맛보기

- 맞아, 깨를 넣어서 고소한 냄새가 나는 소스가 되었단다.
- 양배추가 된장 소스와 잘 어울려요!

돼지고기청국장전

재료

간 돼지고기 80g, 양파 20g, 당근 10g,
부추 20g, 달걀물 2큰술

양념 청국장 · 다진 마늘 · 참기름 · 깨소금
1/2작은술씩

만드는 법

1. 양파, 당근과 부추는 잘게 썬다.
2. 볼에 달걀을 넣어 잘 풀고 간 돼지고기를 넣은 후 1의 채소와 양념 재료를 넣고 잘 섞는다.
3. 팬에 현미유를 두르고 2의 재료를 한 스푼씩 떠 넣어 중불에서 서서히 앞뒤로 지진다.

청국장이 돼지고기의 누린내를 잡아 주는
역할을 해요. 청국장은 된장으로 대체할 수
있어요.

양배추된장무침

재료

양배추 50g, 당근 20g, 현미유 1작은술,
순한된장드레싱 2큰술

만드는 법

1. 양배추와 당근은 곱게 채 썬다.
2. 팬에 현미유를 두르고 1의 재료를 볶는다.
3. 2의 재료를 식힌 후 순한된장드레싱을 넣고
   버무린다.

양배추와 당근을 부드럽게 조리하려면 물을
조금 넣어 충분히 익힌 후 사용해요.

실곤약잡채
미역오이무침

최근 급증하는 소아당뇨와 소아비만에 대비하여 추천하는 음식은 곤약입니다. 곤약은 혈당을 천천히 오르게 하여 당뇨 식이요법에 좋습니다. 미역, 다시마, 해초, 미역줄기 등도 당뇨 예방에 좋은 음식입니다. 당뇨에 효과적인 식품을 이용해 아이들이 좋아하는 조리법을 가미하여 실곤약잡채와 미역오이무침을 만들었습니다.

아이와 함께하는 미각 교육

당근밥(26p)

대구맑은채소국(29p)

실곤약잡채

미역오이무침

길고 가느다란 국수는 아이들에게 집어 먹는 재미를 더해 주고 국수와 함께 색색의 재료를 골라 먹는 즐거움을 줍니다. 미역오이무침에는 다양한 모양과 색깔의 재료가 들어가 아이의 시선을 끄는 반찬으로 먹는 즐거움을 알게 해 줍니다.

실곤약잡채 미각 교육

1단계 관찰하기

길쭉길쭉 가느다란 모양의 이건 뭘까?

당면 같아요!

이건 실곤약이라고 해.

2단계 냄새 맡고 만져 보기

익힌 실곤약은 어떤 느낌일까? 손으로 만져 보자.

부드럽고 미끌미끌 거려요.

3단계 맛보기

건강에도 좋은 실곤약잡채는 어떤 맛일까?

채소랑 버섯 맛도 나요. 실곤약은 쫄깃거리기도 하고 부드러워요. 당면 같아요!

미역오이무침 미각 교육

1단계 관찰하기

짙은 초록 빛깔의 이건 무엇일까?

미역이요.

2단계 냄새 맡고 만져 보기

살짝 데친 미역을 한번 만져 볼까?

미끌미끌하고 끈적거리기도 해요.

3단계 맛보기

미역을 오이와 방울토마토랑 무쳐서 먹으면 어떤 맛일까?

상큼해요. 미역국의 미역과는 다른 맛이에요.

실곤약잡채

재료

실곤약 60g, 쇠고기(불고기감) 30g, 애호박
30g, 당근 20g, 애느타리버섯 20g, 물 1/4컵,
순한간장 · 참기름 · 깨소금 1/2작은술씩
고기 양념 순한간장 · 다진 마늘 1/3작은술씩,
청주 1작은술, 참기름 · 깨소금 약간씩

만드는 법

1. 채소는 각각 채 썰고 버섯은 먹기 좋게 손질
   한다. 끓는 물에 실곤약을 넣어 살짝 데친 후
   먹기 좋게 자른다.
2. 쇠고기는 먹기 좋게 썰어 분량의 고기 양념
   으로 밑간한다.
3. 팬에 현미유를 두르고 1의 채소와 버섯을 볶
   다가 양념한 고기와 물을 넣고 촉촉하게 익
   힌다.
4. 3의 팬에 실곤약을 넣고 끓인 후 순한간장과
   참기름, 깨소금을 넣고 잘 섞는다.

실곤약은 끓는 물에 10초간 데친 후
사용하세요.

미역오이무침

재료
건미역 6g(불린 미역 30g), 오이 30g,
방울토마토 3개
무침 양념 순한간장 · 참기름 · 깨소금
1/2작은술씩

만드는 법
1. 끓는 물에 방울토마토, 미역 순으로 각각 살
   짝 데쳐 건진 다음 찬물에 헹군다.
2. 미역은 잘게 썰고 오이와 방울토마토는 껍
   질을 벗겨 먹기 좋은 크기로 썬다.
3. 볼에 2의 재료를 넣고 분량의 무침 양념을
   넣어 버무린다.

여름에는 미역오이무침에 생수와 매실청을
넣어 냉국으로 즐겨도 좋아요.

소아당뇨가 있어요 2

두부채소그라탕
돼지감자조림

당뇨가 있는 아이들의 식단은 늘 어렵습니다. 두부와 당질이 낮은 다양한 채소류를 이용해 아이들이 맛있게 먹을 수 있는 요리를 만들었습니다. 또한, 당뇨에 좋다는 자색 돼지감자로 조림을 만들어 건강하고 맛있는 반찬을 곁들였습니다.

248

아이와 함께하는 미각 교육

잡곡밥(27p)

닭고기쌀국수탕(29p)

두부채소그라탕

돼지감자조림

두부채소그라탕은 여러 가지 색의 재료가 마치 피자처럼 치즈에 덮여 있습니다. 채소를 치즈와 함께 먹을 때와 그냥 먹을 때의 맛을 비교해 봅니다. 울퉁불퉁한 모양의 돼지감자는 이름도 재미있어 아이들의 호기심을 유발합니다. 일반 감자와 어떻게 다른지 비교해 보는 놀이 등을 통해 즐겁게 재료를 탐구해 봅니다.

두부채소그라탕 미각 교육

1단계 관찰하기

🙂 여러 가지 재료 중에 가장 눈에 띄는 건 뭐니?

🙂 브로콜리요. 나무같이 생겼어요.

2단계 냄새 맡고 만져 보기

🙂 브로콜리에 하얀 소스가 덮여 있는데 냄새로 알아볼까?

🙂 고소한 냄새가 나는 게 치즈나 마요네즈 같기도 해요.

3단계 맛보기

🙂 이건 두부로 만든 소스란다. 채소와 두부 소스를 함께 먹어 보자.

🙂 채소가 두부 소스를 만나니 더욱 고소해졌어요!

돼지감자조림 미각 교육

1단계 관찰하기

🙂 울퉁불퉁 이 재료의 이름은 뭘까?

🙂 감자요! 감자 같긴 한데 모양이 더 울퉁불퉁해요.

🙂 감자는 맞는데 이건 돼지감자라는 거야. 뚱딴지라고 불리기도 해.

2단계 냄새 맡고 만져 보기

🙂 이건 다시마라고 해. 미역하고 비슷하지? 한번 만져 볼래?

🙂 미끌미끌하고 끈적이지만 미역보다 두꺼워요.

3단계 맛보기

🙂 다시마랑 돼지감자를 맛있게 조리면 어떤 맛이 날까?

🙂 감자조림과 비슷해요. 다시마는 씹는 재미가 있어요.

두부채소그라탕

재료

양송이버섯 1개, 브로콜리 20g, 당근 20g,
애호박 20g, 아기치즈 1/2장, 다시마채소
육수(또는 물) 1/4컵, 현미유 1작은술
두부 소스 연두부 50g, 마요네즈 1큰술,
유기쌀 조청 1작은술, 순한간장 1/2작은술,
참기름 · 깨소금 1큰술씩

만드는 법

1. 모든 채소는 잘게 썰고 브로콜리는 끓는 물
   에 데친다.
2. 믹서에 두부 소스 재료를 모두 넣고 곱게 갈
   아 두부 소스를 만든다.
3. 팬에 현미유를 두르고 1의 채소를 볶다가 다
   시마채소육수를 넣고 푹 익힌다.
4. 3의 팬에 두부 소스와 아기치즈를 얹고 뚜껑
   을 덮은 후 중불에서 치즈가 녹을 때까지 익
   힌다.

두부 소스는 드레싱이나 나물을 무치는 데
활용해 보세요. 오이나 당근 등 스틱 채소를
찍어 먹기에도 좋답니다.

돼지감자조림

재료

돼지감자 100g, 다시마 1장, 물 1컵, 현미유
1작은술

조림 양념 순한간장 1/2작은술,
참기름 · 깨소금 1/2작은술

만드는 법

1. 돼지감자는 필러로 껍질을 벗긴 후 한 입 크
   기로 썬다.
2. 팬에 현미유를 두르고 돼지감자를 볶는다.
3. 볼에 조림 양념 재료를 모두 넣고 섞어서 양
   념장을 만든다.
4. 돼지감자를 볶은 2의 팬에 3의 조림 양념을
   넣고 중불에서 조린 후 참기름과 깨소금을
   넣는다. 다시마는 건져서 먹기 좋게 잘라 넣
   는다.

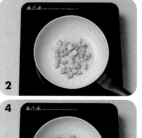

당뇨가 없는 아이들은 알감자나 고구마를
넣어 반찬으로 만들어 주세요.

참고 문헌

김경주, 《일본에서의 식생활 교육》, 동아시아식생활학회 학술발표대회 논문집, 2009.

박보경, 《초등학생 미각 교육 프로그램 개발과 적용 및 치료 효과》, 이화여자대학교 대학원, 2013.

신화식, 《몬테소리 이론의 탐구》, 학지사, 2006.

전도근, 조효연, 《우리 아이 편식이 달라졌어요 : 편식을 고치는 미각 교육》, 교육과학사, 2013.

정진희, 《미각 교육과 유아 식습관의 관계에 관한 연구》, 한국식공간학회, 2016.

조하나, 박은혜, 《유아를 위한 미각 교육 프로그램의 개발 및 효과》, 한국유아교육학회, 2015.

Cashdan E, 《A sensitive period for learning about food》, Hum Nat, 1994

Pliner P, 《Development of measures of foo in children》, Appetite, 1994.

Programme de formation 《Les Maternelles du goût》, Ministère de l'Agriculture de l'Alimentation et des Forêts, 2017.

Puisais J, Pierre C, 《Classes du gout》, Paris: Flam marion, 1987.

Reverdy C, Schlich P, Koster EP, Ginon E, Lange C, 《Effect of sensory education on food preference in children》, Food Qual Prefer, 2010

Rozin P, Vollmecke T, 《Food likes and dislikes》, Annu Rev Nutr, 1986.

太田百合子, 《1, 2 からの 偏食解消レシピ》, 業之日本社, 2013

中村美, 《1~3, 達を促す 子どもごはん》, 株式 社日本書院本社, 2012